新式茶饮

112款

［韩］李周贤 著

程匀 译

中国轻工业出版社

作者序

大家好！我是茶饮博主——"红茶姐姐"李周贤，现在在韩国首尔圣水洞的专业茶艺培训机构"韩国茶艺研究院"教授"茶艺师和茶叶拼配师专业资格"相关课程，同时我还是一名茶文化"宣传员"，我想把有关茶的一切介绍给更多的人了解和认识。

在授课的过程中，我发现很多人往往在刚开始学习茶艺时，就把它想象成一件很难的事，这让我觉得有些意外，又常常感到遗憾。这还引发了我的思考，能否找到一种更简单、更有趣的方式去介绍、宣传有关茶的一切？于是我开始尝试在网络上撰写文章，后来慢慢地成为一名博主。

如今担任博主已有三年多时间，我高兴地看到有越来越多的人开始对茶饮产生兴趣，想要知道各式各样的茶饮是怎样制作出来的。而且最近我也收到很多来自知名饮料企业从业人员的有关茶饮的各类咨询，使得我有机会把所掌握的技巧进行系统整理。

"有了这些内容作为基础，如果再加上制作茶饮的关键操作步骤，那么大家就可以照此在家轻松地自己制作茶饮了"，在这个想法的驱使下，我开始策划这本书。

近几年，在红茶、白茶和乌龙茶等各种茶中加入草本植物、水果、果汁、牛奶等配料制成的茶饮非常受欢迎。虽然地位比不上咖啡，但钟情于茶饮的味道、视觉美感以及从追求健康的角度来购买茶饮的人的确越来越多了。

世界知名茶类在线刊物《世界茶新闻》（World Tea News）指出，热爱咖啡的人为了追求健康，也开始在网上购买高品质的茶叶。在家中把精品茶叶放在茶包中冲泡享用，已成为一种新的消费习惯。由此可见，全球茶市场每年也发生着巨大的变化。

特别是这几年，由于对咖啡因过敏或为了减少咖啡因对身体的影响，越来越多的人开始寻找无咖啡因或脱咖啡因的咖啡和饮料。

美国著名市场调研机构——财富商业洞察（Fortrue Business Insights）的一份报告显示，2021年，在亚洲和北美饮料市场，热衷于"傍晚茶"的消费者大幅增长。报告还预测，2022年至2029年，脱咖啡因饮料的市场份额将有较大涨幅。

因此，不论是茶还是加入草本植物、水果和牛奶等配料制成的脱咖啡因茶饮，在关注健康的年轻人群体中都受到越来越多的欢迎，有关消费也随之大幅增加。

在茶中添加水果、果汁、牛奶、康普茶、咖啡、酒精等能帮助茶摆脱"苦"这个固有印象的配料，按一定比例进行拼配，或是按流行趋势和自己的喜好进行调配，就能制作出一杯好喝且好看的茶饮。现在很多年轻人都热衷于通过社交网络平台分享自己的茶饮作品。从这个角度来说，茶饮真是一种拥有无限可能的饮料。

从现在的趋势来看，不断发展和变化的茶饮今后有可能超越咖啡，在饮料市场中占有较大份额。

在这样的背景下，本书适时与大家见面了。书中不但有在"红茶姐姐"自媒体中曾介绍过的人气茶饮，还增加了不少最新研发出来的创意饮品。以前曾遗憾自媒体里的介绍太过简短，现在终于有机会可以系统地整理成书推荐给大家了。

　　本书从茶饮的主要基底材料、六大类茶的基本知识入手，介绍了以各种茶为基底，添加香草、水果、牛奶、果汁浓缩液、装饰等各种辅料调配而成的无咖啡因香草茶、冰茶、冰冻果子露、奶茶、茶调鸡尾酒、无酒精鸡尾茶等112种茶饮配方，力求让读者看得懂、学得会。

　　希望这本书能为那些认为学茶很难的初学者减轻心理负担，帮助他们重新理解和认识茶，也希望对茶饮行业从业者或热爱茶饮的普通人提供力所能及的帮助。最后，愿我和我的读者们都能一直保持对茶的热爱！

李周贤

茶饮博主

韩国茶艺研究院对外合作室室长

韩国茶冠军赛评判长

目录

PART 4 提高茶饮整体完成度的装饰和配料

PART 5 茶饮的展现技巧

小专题

小专题

红茶姐姐小课堂

抹茶糖浆的做法 217

PART 1
认识基底茶

受全世界喜爱的新式茶饮

当前，茶已经成为全世界范围内最为流行的饮品之一。茶主要分为绿茶、白茶、黄茶、青茶（乌龙茶）、红茶、黑茶（普洱茶）几大类，直接冲泡是最普遍的做法，但现在人们也乐于在茶（主要以红茶、绿茶、乌龙茶为主）里添加各种热带水果、糖浆、酒和香草等配料，创造出不同味道、香气和颜色的各式饮品。

特别是夏天，美国或加拿大等北美地区的人最爱喝冰茶，中国人则喜欢喝珍珠奶茶，中东、北非等地的人们偏爱薄荷味的无酒精鸡尾茶，英国人则对含酒精的茶调鸡尾酒情有独钟。

简单来说，这种以茶作为主料，加入各种配料创造出的不同色、香、味的饮品，就是新式茶饮。新式茶饮最初是在酒店、西餐厅、咖啡厅或酒吧等餐饮场所，由酒保或调酒师调配创造出来的，现在已经发展成瓶装或罐装的即饮饮料，成为生活中的日常饮品。

传统：茶要精心冲泡
创新：茶要边走边喝

相传在公元前两千多年前，茶在中国被偶然发现。近五千年后的今天，不管在东方还是西方，茶已成为全世界人民的饮料。不过茶的饮用方式在不同地区、不同时代却历经了多次变迁。

中国的"功夫茶"、韩国的"茶礼"、日本的"茶道"、英国的"下午茶"都是融各国传统精神文化、冲泡技艺和礼仪为一体的传统茶艺形式。

然而在今天，茶的消费场所和形式都发生了翻天覆地的变化。年轻人常会在星巴克之类的咖啡厅点上一杯茶饮，也会在便利店或自动饮料机上随意买上一瓶，就像喝咖啡一样简单。这是当今 21 世纪发生在全世界的共同现象。

年轻人更钟情于添加了水果的茶饮

茶饮的制作

运用拼配技术将茶和其他配料相结合，创作出丰富口味的茶饮，并不只是专业酒保或调酒师才能做到的事。普通人只要了解了基本原理，都可以制作出一杯符合自己口味的美味茶饮。下面介绍茶饮的基本组成部分以及如何让你制作的茶饮变得与众不同的应用技巧。

茶饮的基本构成

茶饮基本上是由基底茶、为基底茶增添风味的配料以及为了营造视觉美感而添加的装饰这三部分构成的。当然，漂亮的玻璃杯或茶杯也是不可忽视的"加分项"。

主材（基底茶）： 绿茶、白茶、青茶（乌龙茶）、红茶的茶叶或茶包以及各种草本茶。
配料： 水果、糖浆、牛奶、果汁浓缩液等。
装饰： 为营造视觉效果而添加的各类装饰。比如在玻璃杯杯口粘一些糖霜，或用各种水果的果皮做造型等。

在这些基本构成部分中，最重要的还是基底茶。因此，我们首先要做的就是从绿茶、白茶、黄茶、青茶（乌龙茶）、红茶、黑茶（普洱茶）以及数千种草本茶中选出你要使用的基底茶。之后才是选择适合搭配基底茶的水果、果汁、牛奶和果汁浓缩液等配料。最后，再考虑通过哪些装饰能为这杯茶饮带来更好的视觉效果，比如在饮品上撒一些糖霜，还是选择造型别致的玻璃杯等。

在这个过程中，最重要的就是把握好色、香、味之间的平衡。如果你掌握了基底茶与配料的基本搭配公式，就可以享受变化无穷的搭配乐趣啦！

夏天最受欢迎的冰茶
玫瑰花的粉红色和柠檬的嫩黄色形成鲜明对比，十分艳丽

基底茶茶叶的加工过程

茶主要分为绿茶、白茶、黄茶、青茶（乌龙茶）、红茶和黑茶（普洱茶）六大类。这六大类茶的茶叶其实来源于同一种茶树的叶子，只不过因不同的加工方法激发出了茶叶的不同特性，才形成了不同种类的茶叶。下面将详细介绍对于茶饮来说最重要的主材料——茶叶的加工过程，以及制作六大类茶叶的工艺。这非常有助于我们进一步加深对茶饮的了解。

绿茶

六大类茶叶与茶汤

| 白茶 | 黄茶 | 绿茶 | 青茶（乌龙茶） | 红茶 | 黑茶（普洱茶） |

绿茶是将积攒了一冬天自然精华的茶树新叶或嫩芽摘下，用人为方法抑制其氧化而制成的一种不发酵茶。因此绿茶中的茶多酚最为丰富，但这也正是绿茶带有微涩口感的原因。

初春时节，茶树新叶按照"一芽一叶"或"一芽二叶"的标准被摘下，随即送至加工厂。首先进行第一道工序——萎凋，使茶叶丧失一部分水分，叶片萎蔫；之后将茶叶倒入热锅中加热，人为抑制其氧化，即杀青；杀青后再经过揉捻，改变叶片外形，挤出部分茶汁，提升茶滋味浓度；然后进行最后一道工序——干燥，固定茶叶的形状和香气后，绿茶才算最终制作完成。

按此工艺制作出来的绿茶富含对人体有益的成分，被奉为"超级食物"，受到全世界人民的青睐。最具代表性的绿茶品种有西湖龙井、碧螺春、信阳毛尖等。总体来说，绿茶具有味道微涩、清爽、甘甜，香气浓郁的特点。

白茶

白茶是茶叶采摘后只经过萎凋这一道工序而制成的茶，是六大类茶叶中人为干预最少的，因此最大限度地保留了茶叶原有的天然清香。每年不同的气候和天气条件造就了白茶不同的味道。一到春天，人们纷纷抱着"尝鲜"的心理，迫不及待地想要率先品尝到这一年的新茶滋味，因此白茶的价格也被越抬越高。白茶的主要品种有白毫银针和白牡丹。白茶具有汤色清澈、味道醇厚回甘的特点。

黄茶

黄茶现今的产量非常稀少，只剩为数不多的几个品类，是一种低调却高贵的茶叶。它的制作工艺同绿茶几乎一样，都要经过采摘、萎凋、杀青和揉捻，但之后它还有一道非常独特的轻发酵工艺——闷黄。闷黄是把茶叶用湿布盖好，经过一段时间的轻微发酵，使茶叶变黄的过程。

闷黄，是黄茶形成黄叶，产生与绿茶完全不同口感和香气的关键工艺。最后再经过干燥，使黄茶的香气更加醇厚并保持下来，黄茶才算最终制作完成。黄茶的代表品种是君山银针。物以稀为贵，黄茶的产量低，但价格却很高。黄茶具有味道爽甜醇厚、汤色明亮的特点。

青茶（乌龙茶）

青茶是一种茶叶部分发酵的半发酵茶，人们普遍称其为"乌龙茶"。乌龙茶的基础制作工艺包括采摘、萎凋、使叶片部分氧化后的杀青以及揉捻和干燥等。

乌龙茶的加工过程更为复杂，在杀青之前还增加了一道"摇青"工艺，并且需要反复多次摇青，才能形成乌龙茶独特的香气。复杂的制作方法赋予了乌龙茶更为浓郁和复合的味道，有时甚至还会再增加一道"烘焙"的工序。

乌龙茶的味道和香气随不同的发酵程度产生不同的变化。发酵达到70%的重度发酵茶与红茶的香味近似；发酵程度在10%～40%的轻度发酵茶则与绿茶味道相似。可以说乌龙茶是一种兼具绿茶和红茶特性的茶叶。

拥有独特香气的乌龙茶现在越来越受到年轻人的喜爱。乌龙茶的主要品种有安溪铁观音、凤凰单丛、冻顶乌龙、四季春、包种等。其中比较特别的是在中国台湾高山地带采摘的茶叶制成的乌龙茶，不但有花香、水果香，甚至还能闻出奶香，在世界茶叶市场中被誉为最佳乌龙茶。乌龙茶可分为清香型和浓香型两大类，清香型乌龙茶带有明显花果香和新鲜蜂蜜的甜味，浓香型乌龙茶则带有浓郁的兰花香气和木香，具有醇、甘的特点。

红茶

红茶是六大类茶中发酵程度最高的茶，达到100%全发酵，因此味道和香气都非常浓郁。嫩叶被采摘后先经萎凋和揉捻，等到发酵度达到100%后再进行最后的烘焙。因为红茶属于全发酵茶，所以其中的发酵工艺最为重要，终止发酵的时机掌握与茶农的经验息息相关。

红茶的产地分布在中国、印度、斯里兰卡、肯尼亚和伊朗，按生产制造方式红茶还可分为传统型红茶和CTC红茶（经过压碎、撕裂、揉卷制作的红碎茶），再细分还有整叶茶、碎茶和片茶等。整叶茶属于高级茶，碎茶和片茶则一般制作成茶包。在印度，根据不同的采摘时间，茶叶又可分为好几个种类，如早春采摘的叫春茶，也叫头摘；春末夏初采摘的叫夏茶，也叫次摘；秋天采摘的则叫秋茶。

红茶在世界各地以各种形式被广泛使用。在欧洲主要用来制作奶茶，在印度则是印度香料茶的主要原材料，在美国常被用来制作冰红茶。除了单纯采用冲泡方式品味红茶外，现在利用红茶进行拼配或制作茶饮的市场规模也不可小觑。红茶的特点是色泽清雅，有的微涩而带有花香，有的则带有红薯香和土豆的香气。

黑茶（普洱茶）

黑茶是一种后发酵茶，它不同于通过氧化反应进行发酵的其他茶类，黑茶的发酵过程有微生物参与其中。普洱茶是最具代表性的黑茶，因原产地在中国云南省普洱市而得名。普洱茶分为生茶和熟茶两大类，其中生茶是把毛茶按照绿茶的加工工艺生产出来后，经过紧压成形后放在仓库中，在一定温度和湿度条件下干燥保存，直至自然发酵熟成的茶，至少可以保存10年到30年。生茶味道柔和美妙，并有诸多有益健康的功效，因而作为健康茶被当代人所推崇。此外，它的附加价值也不可小觑，不少人将它作为理财产品进行投资。

普洱熟茶则是将毛茶通过人工渥堆发酵后，再进行紧压、储存、自然熟成过程而制成的茶。它的熟成时间比普洱生茶要短得多。这两种普洱茶现在成为人气减肥茶，市场需求量非常大。

黑茶的特点是带有独特的陈香，能品味出陈年树木的香气和甘甜。

六大类茶叶的冲泡方法

茶饮的基底茶有着不同的冲泡方法，这些方法能激发出茶叶的不同香气与口感，这对于最终茶饮的成败起到决定性作用。冲泡出一杯好茶的方法有三大要素，即茶叶量、水温和冲泡时间。

这三大要素根据具体使用的茶的种类，也要有所调整。比如，绿茶的叶片相对较嫩，冲泡时的水温就不宜过高，80℃左右比较合适。而叶片厚且缠搅在一起的乌龙茶或普洱茶，就需要较高的水温来把叶片充分泡舒展开，并激发出其中的有效成分，因此需要用95℃以上的沸水，且冲泡时间相对要长一些，否则冲出的茶叶会香气不足。

百分之百发酵的红茶也需要95℃以上的沸水冲泡，这样叶片中的香气和有效成分才能被充分激发。草本茶（或草药茶）里面的叶子或植物有一定厚度，同样需要较长时间的冲泡。虽然不同茶叶种类冲泡的温度和时间各有不同，但基本上每种茶都能归纳出较为普遍的标准冲泡方法。具体可参考右页的图表。

茶叶冲泡过程

① 称量茶叶。

② 用水壶烧水。

③ 将茶叶倒进茶壶。

④ 在茶壶中倒入热水。

⑤ 根据茶的种类冲泡适当的时间。

⑥ 将茶叶与茶水分离。

⑦ 将茶水倒进茶杯。

⑧ 好好品味。

各类茶叶冲泡标准

茶叶种类	茶叶量	水温	冲泡时间
绿茶	2~3克	60~80℃	1~3分钟
白茶	2~3克	80~95℃	2~3分钟
红茶	3~5克	80~95℃	2~3分钟
青茶（乌龙茶）	2~3克	95~100℃	2~3分钟
黑茶（普洱茶）	2~3克	95~100℃	1~2分钟
草药茶或草本茶	2~3克	95~100℃	3~5分钟

*上表为冲泡一杯茶的标准。不同的茶叶品牌可能会稍有区别，具体可参考茶叶包装上的说明。

冲泡出一杯好茶的要素

1. 茶叶量

2. 水温

3. 冲泡时间

冷泡法

用热水泡茶是最普遍的做法，有时也可根据情况采用冷泡法。

用冷水慢慢泡出的茶，会比用热水泡的茶少一些苦味和涩味，同时也更有利于细细品味茶香。因此，制作本书中的茶饮配方，我更推荐使用冷泡法。下面分别简要介绍散叶茶和茶包的冷泡方法。

散叶茶冷泡法

① 准备一个玻璃容器。

② 将茶叶和与茶叶量匹配的纯净水倒入容器中。

③ 放入冰箱冷藏10～15小时，冷泡茶即可完成。

※如果茶叶属于碎茶级别，请先将茶叶放入茶包，再进行冷泡。

茶包冷泡法

① 准备一个玻璃容器。

② 将茶包放入已倒入纯净水的容器中。

③ 放入冰箱冷藏 10～15 小时，冷泡茶即可完成。

※ 茶包中的材料可根据喜好进行搭配。

PART 2

为基底茶增添
风味的配料

配料的种类和作用

确定基底茶的种类后，下一步就该选择"锦上添花"的配料了。配料不能掩盖住基底茶的特点，而要起到突出茶香的作用，并借此创造出新的口感和香气。使用比较多的配料有水果（或果汁）、糖浆、牛奶（或其他乳制品）、果汁浓缩液、康普茶、咖啡、酒精等。

现在，世界各地的人们都非常善于使用这些配料创造出各种风味的茶饮。在北美洲，人们在茶中添加果汁制作冰茶，或是加入红茶菌进行发酵制作康普茶，还会加入果肉粒制作水果茶；欧洲人习惯在茶中加入牛奶（或其他乳制品）制作奶茶；在亚洲，加入木薯粉珍珠制作的珍珠奶茶广受年轻人喜爱，此外还有加入各种酒精制作的茶调鸡尾酒和不含酒精的无酒精鸡尾茶等。这些饮品已成为人们生活中必不可少的部分，且每天都有不同的新茶饮被创造出来。据推测，茶饮将超越咖啡，在饮料市场中占有较大比重。

除此以外，还有各种各样的草本植物作为配料，为茶饮增添特别的味道、香气以及视觉上的美感。就像电影中的主角需要配角来衬托一样，茶饮中的配料也是为基底茶"加分"必不可少的一部分。

常用配料

下面简要介绍几种常用的茶饮配料。

水果和果汁（或果汁饮料）：非应季水果一般用糖浆、糖渍水果、果汁代替。

牛奶及其他乳制品：在基底茶中加入牛奶或其他乳制品，可创造出不同的味道。

康普茶（红茶菌）：制作清凉饮料最适合的配料。富含对身体有益的菌种，是制作健康茶的不二选择。

咖啡：熟悉的咖啡香气与茶香合二为一，使味道更加香醇。

酒精：茶饮中加入不同风味的酒精饮品，可制作出茶调鸡尾酒。不含酒精的则称为无酒精鸡尾茶。

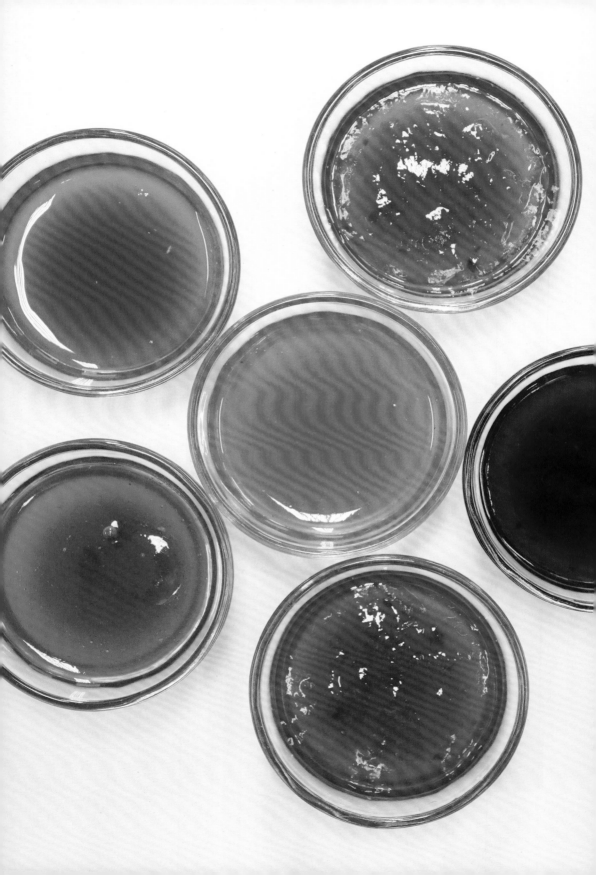

PART 3
调节茶饮"甜度"和"平衡感"的茶味糖浆、糖渍水果酱和果汁浓缩液

茶味糖浆

糖浆一般是在固体糖中添加水果、香草、香辛料、咖啡等各种香料后熬制成的"液体糖"。生活中应用最广泛的就是水果糖浆，如石榴糖浆或枫糖浆。此外还有将咖啡液浓缩而成的咖啡糖浆等。

茶味糖浆是将茶叶或草本茶高浓度浸泡后加入白糖熬煮成的深色糖浆，如伯爵茶糖浆、抹茶糖浆、印度马萨拉茶糖浆、南非博士茶糖浆、洛神花糖浆、茉莉花糖浆等。这些糖浆在茶饮中起到调节甜度和控制整体平衡感的作用。

南非博士茶糖浆

南非博士茶是由产自南非赛德伯格山脉一带的野生豆科植物制成，是当今人气颇高的无咖啡因健康草本茶，被越来越多的人所喜爱。

南非博士茶的英文名 Rooibos 在当地原住民的语言中是"红色灌木"的意思。它又分为博士红茶和博士绿茶两种。博士红茶是将灌木的叶子氧化制成，博士绿茶则是抑制叶子氧化制成的。博士红茶作为无咖啡因饮料，常被人们直接称呼为红茶，所以当提到南非博士茶时，一般都指博士红茶。

南非博士茶早在18世纪就被称为"长生不老茶"，是住在南非洞穴地区原住民的日常饮品。它的抗氧化功效对延缓衰老非常有帮助，同时还能缓解过敏症状，因此广为流传。

将南非博士茶的茶叶冲泡开后可加入白糖熬制成糖浆，也可再加入适量水稀释，作为草本茶直接饮用。

洛神花因红色的花瓣和特有的酸味被广泛应用于制作冰茶等各类茶饮。

深红色的花青素具有缓解眼部疲劳的功效，其中的酸味来源——木槿酸有利尿和促进新陈代谢的作用。洛神花糖浆能缓解疲劳、促进循环，还能醒酒。本书将介绍几种加入洛神花糖浆的茶饮配方，非常简单，不管热饮还是冷饮都非常美味。

伯爵茶糖浆

　　伯爵茶糖浆也是非常具有代表性的一款糖浆，在冲泡大量伯爵红茶茶叶的容器中加入白糖熬制即可。伯爵红茶有印度产，也有斯里兰卡产，还有将两种产地的茶叶拼配而成的。在伯爵红茶中加入天然佛手柑油以及适量柠檬或柑橘皮，就是一杯清新甜美的特调饮品，非常受欢迎。此外，用伯爵红茶加入白糖熬制的糖浆，还可用来制作奶茶、茶调鸡尾酒和无酒精鸡尾茶等各类茶饮。

印度马萨拉茶糖浆

马萨拉茶是在南亚次大陆广受欢迎的代表饮品。Masala 意为混合香料，Chai 则是茶的意思，因此马萨拉茶字如其名，是在茶（以红茶为主）中添加了肉桂、姜、小豆蔻、香草等各式香料制成的茶饮。因为基底茶大都使用红茶，所以人们也常把马萨拉奶茶称为"Black Chai"。在浓泡的马萨拉茶中加入白糖熬制成糖浆，可用来制作奶茶、茶调鸡尾酒等各类茶饮。

抹茶糖浆

　　具有健康功效的绿茶近年来被誉为"超级食物"，受到越来越多人的喜爱。抹茶作为"磨成粉的绿茶"，也同样深受欢迎。

　　抹茶含有对健康有益的成分，富含氨基酸，营养味道俱佳，被广泛用于制作面包、蛋糕、冰激凌、饮料等各类食物。抹茶清新的淡绿色惹人喜爱，同样适合用来作为装饰。

　　在浓泡的抹茶中加入白糖熬制成抹茶糖浆，可用来制作奶茶、茶调鸡尾酒等各式茶饮。

茉莉花糖浆

　　茉莉花茶可用来制作糖浆。将四川最高品质的茉莉花茶"碧潭飘雪"浓泡后加入白糖熬制，就是最高级的茉莉花糖浆。"碧潭飘雪"是绿茶茶叶充分吸收了茉莉花香气后再将茉莉花去掉的茶叶。

　　散发着高贵茉莉花香气的碧潭飘雪糖浆，可为各类茶饮添加一份独特的高级花香，成就一杯色香味俱全的茶饮。

糖渍水果酱

　　糖渍水果酱最初主要指液体的糖稀，后来也包括糖渍梅子、糖渍木瓜、糖渍柚子等各类糖渍水果。成品黏性非常高。在茶饮中应用比较多的是热带水果类的糖渍葡萄柚、糖渍百香果以及糖渍柠檬、糖渍青橘、糖渍草莓等。需要指出的是，熬制糖渍水果酱时，果肉需要保留其形状，不能切得过于细碎，且水果和糖的比例以 1 : 1 为宜。

糖渍柠檬

用柠檬的果肉和果皮制成的糖渍柠檬，能为茶饮增添一份清新甜美的柠檬香。

 配方

材料
·柠檬 ·木糖醇 ·盐少许

提前准备
因为要用到柠檬果皮，所以要事先用食用小苏打、醋和盐将柠檬彻底清洗干净。

做法
1. 将洗净的柠檬切成 0.5 厘米厚的片。
2. 去除有苦味的籽。
3. 将柠檬片和木糖醇穿插放入消毒后的容器内。制作糖渍水果时，水果和糖的比例要确保 1 : 1。
4. 撒少许盐，不但能强化甜味，还有利于食物保存。
   ※ 将一个柠檬榨汁后倒入，果香会更加浓郁。
5. 糖全部化掉后，糖渍柠檬就做好了。
6. 放入冰箱冷藏后即可使用。

糖渍葡萄柚

　　用酸甜的热带水果葡萄柚做成糖渍水果，简简单单就能喝到一杯美味饮料。

 配方

材料
·葡萄柚　·木糖醇　·盐少许

提前准备
1. 用食用小苏打、醋和盐将葡萄柚清洗干净。
　　※ 放入热水中烫 10 秒，可有效去除葡萄柚表面的农药残留。
2. 盛放的容器事先用开水高温消毒，完全冷却并晾干。

做法
1. 葡萄柚的白色内膜和籽有苦味，需去除干净，只留果肉。
　　※ 用作装饰的葡萄柚可切成 0.5 厘米厚的片。
2. 制作糖渍水果时，水果和糖的比例要确保 1 ：1。
3. 在大碗中放入葡萄柚果肉和木糖醇，搅拌均匀。
4. 撒少许盐，不但能强化甜味，还有利于食物保存。
5. 将混合物倒入消毒后的玻璃容器中，糖渍葡萄柚就做好了。
　　※ 将一个葡萄柚榨汁后倒入，果香会更加浓郁。
6. 放入冰箱冷藏后即可使用。

糖渍百香果

作为优质的热带水果，香味浓郁的百香果也非常适合制作糖渍水果。下面就为大家介绍这个超简单的配方。

 配方

材料
· 百香果　· 柠檬　· 木糖醇　· 盐少许

提前准备
1. 用食用小苏打、醋和盐将百香果清洗干净。百香果如果是从冰箱冷冻室拿出来的，需先放在室温环境一两小时回温。
2. 盛放的容器事先用开水高温消毒，完全冷却并晾干。

做法
1. 挖出百香果果肉，放入碗中。
   ※ 对半切开后用勺子挖，非常简单。
2. 制作糖渍水果时，水果和糖的比例要确保 1 ：1。
   ※ 如果觉得加入过多的糖有心理负担，也可适当减量。
3. 将一个柠檬挤出柠檬汁，倒入果肉和木糖醇的混合物中。
   ※ 加入柠檬汁会使口感更加清爽。
4. 撒少许盐，不但能强化甜味，还有利于食物的保存。
5. 将果肉放进消毒的玻璃容器中，糖渍百香果就做好了。
6. 放入冰箱冷藏后即可使用。

糖渍草莓

用酸甜的红色草莓制成的糖渍草莓，可用于制作各类饮料。

 配方

材料
·草莓 　·柠檬1/2个 　·木糖醇 　·盐少许

提前准备
1. 草莓先用食用小苏打和醋稍浸泡，再用流水清洗干净，并用厨房纸巾擦干。如果是冷冻草莓，需要先放在室温回温一两小时。
2. 盛放的容器事先用开水高温消毒，完全冷却并晾干。

做法
1. 把草莓放在大碗中，用勺子碾碎。如果需要用作装饰，可提前拿出几颗草莓切成薄片。
2. 制作糖渍水果时，水果和糖的比例要确保 1 ：1。
   ※ 如果觉得加入过多的糖有心理负担，也可适当减量。
3. 在果肉和木糖醇的混合物中倒入半个柠檬挤出的柠檬汁。
4. 撒少许盐，不但能强化甜味，还有利于食物的保存。
5. 将果肉放进消毒的玻璃容器中，糖渍草莓就做好了。
6. 放入冰箱冷藏后即可使用。

果汁浓缩液

茶饮原材料中起到调节甜味和平衡味道作用的，除了糖浆和糖渍水果酱，还有果汁浓缩液。果汁浓缩液一般较黏稠，类似西餐里汤羹的浓度。茶饮中常用的果汁浓缩液有草莓、桃子、苹果、葡萄柚、荔枝、百香果等种类。

果汁浓缩液制作方法：将水果切碎后熬煮至黏稠

草莓浓缩液

将草莓和白糖同煮，熬煮至黏稠。

葡萄柚浓缩液

将带有苦味的柚子皮削掉后，在果肉中加入白糖熬煮至黏稠，可以充分品尝到柚子浓厚的味道。

桃子浓缩液

将应季的桃子和白糖混合后熬煮至黏稠。

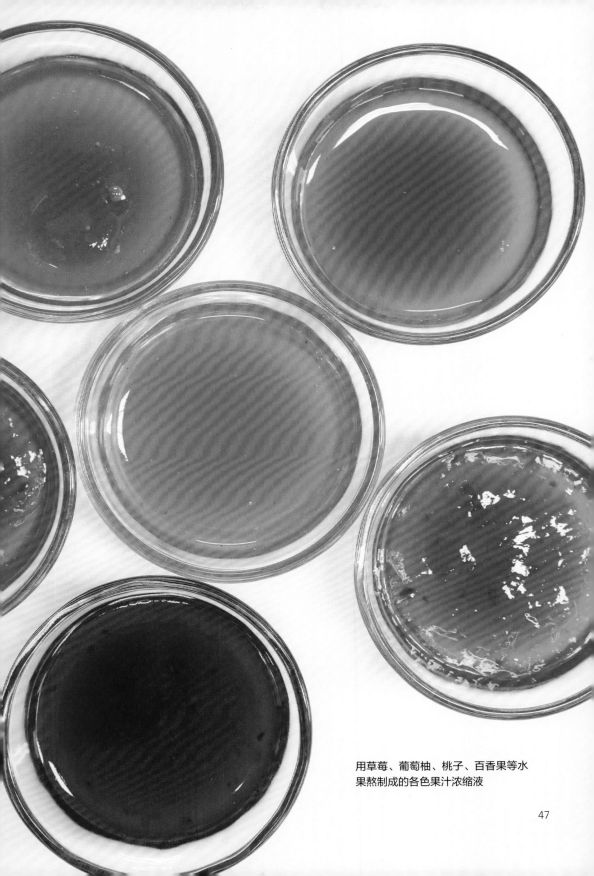

用草莓、葡萄柚、桃子、百香果等水
果熬制成的各色果汁浓缩液

PART 4
提高茶饮整体
完成度的装饰和配料

装饰和配料的作用

　　装饰是食物端到餐桌前的最后一步，起到提升食物视觉美感或突出主菜的作用，一般摆放在食物上或餐盘边沿。配料是放在食物中的装饰物，常见的如蛋糕上的奶油、饼干上的糖霜或比萨上的配料等。

　　二者的主要差异在于装饰不一定可食用，配料则一般可食用且不仅起到装饰作用，而且还能增加味觉层次感。学会使用这两者，必然会让你做的茶饮锦上添花。

提高茶饮整体完成度的装饰和配料

奶酪奶盖　　　　　黑糖木薯粉珍珠　　　　　红茶冻

抹茶冻　　　　　　奶油霜　　　　　　　奶泡

奶酪奶盖

在奶油奶酪中加入鲜奶油，就是柔滑轻盈的奶酪天堂！
甜中带有淡淡咸味的奶酪奶盖可以瞬间让饮茶的快乐升华。

 配方

材料

· 奶油奶酪 15 克　　· 鲜奶油 150 克
· 白砂糖 10 ~ 15 克　· 盐 2 ~ 3 撮

做法

1. 在烧杯中倒入鲜奶油。
2. 加入白砂糖、奶油奶酪和盐，用迷你搅拌棒搅打成泡沫状即可。

黑糖木薯粉珍珠

奶茶中添加原产于南美洲的木薯淀粉制作成的半透明、有嚼劲的珍珠，就是著名的珍珠奶茶。珍珠奶茶起源于 20 世纪 80 年代的中国台湾，加入黑糖后味道更佳。

 配方

材料

· 木薯粉珍珠 300 克　· 水 70 ~ 80 毫升
· 黑糖 500 克

做法

1. 将木薯粉珍珠煮 15 ~ 20 分钟至全熟，
   关火后再闷 10 分钟。
2. 将珍珠捞出，沥干。
3. 锅中倒入黑糖和水煮开，搅拌均匀。
4. 在煮开的糖水中倒入珍珠。
5. 煮到略微黏稠，关火即可。

红茶冻

　　红茶粉是将甜度类似糖稀的红茶浓缩后制成的粉末，可以用它来制作红茶冻。

🍸 配方

材料

· 红茶粉 8 克　　· 吉利丁粉 20 克　　· 白砂糖 50 克　　· 纯净水 10 ～ 20 毫升

做法

1. 在吉利丁粉中倒入纯净水，搅拌均匀。
2. 烧杯中倒入红茶粉、300 毫升 95℃ 的热水和白砂糖，搅拌均匀（可根据口味酌情增减糖量）。
3. 将化开的吉利丁粉倒入步骤 2 的混合液体中搅匀。
4. 稍微静置放凉后倒入事先准备好的长方形模具中。
5. 放入冰箱冷藏两三个小时至液体凝固，使用时切成整齐的方块，脱模即可。

部分材料

抹茶冻

近年来抹茶因其有益健康的功效受到越来越多人的喜爱。这款抹茶冻就是以抹茶粉为原料制作的，因此也带有浓浓的茶香。

🍸 配方

材料

·抹茶粉 15 克　·吉利丁粉 20 克　·白砂糖 65 克　·纯净水 10 ～ 20 毫升

做法

1. 在吉利丁粉中倒入纯净水后搅拌均匀。
2. 烧杯中倒入抹茶粉、300 毫升 80℃ 的热水和白砂糖，搅拌均匀（可根据口味酌情增减糖量）。
3. 将化开的吉利丁粉倒入步骤 2 的混合液体中搅匀。
4. 稍微静置放凉后倒入长方形容器中。
5. 放入冰箱冷藏两三个小时至液体凝固，使用时切成整齐的方块，脱模即可。

部分材料

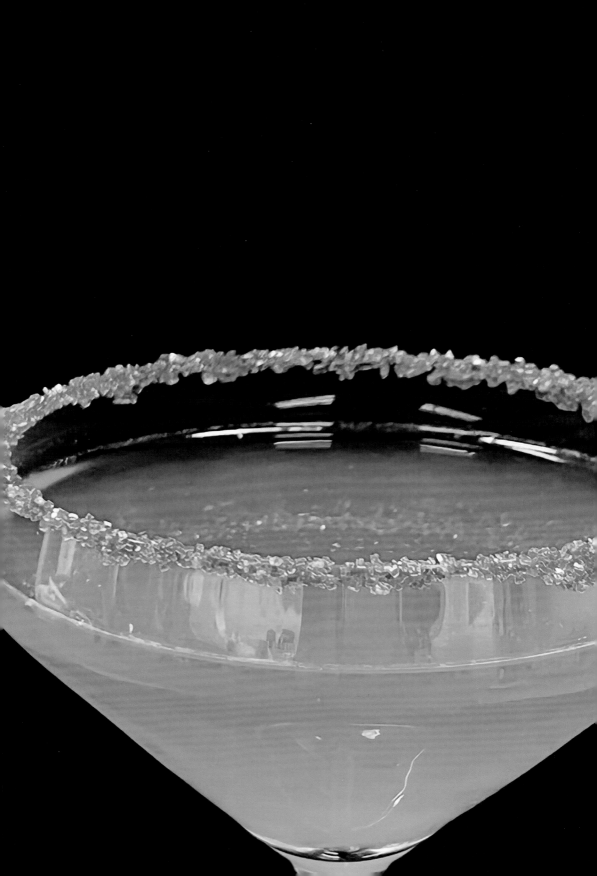

PART 5
茶饮的展现技巧

茶饮展现的重要性

制作茶饮，味道永远是第一位的。如果味道不好，就算外形装饰得再好看，也很难在市场上获得认可。

排在第二位的是气味。人的嗅觉比味觉灵敏一万倍，能区分数千种不同的气味。气味会直接作用于人类的大脑，并对心理产生影响。因此，如果在品尝一杯味道极好的茶饮时还能闻到沁人心脾的气味，那么饮茶这件事就有可能升华成一种既愉悦身心又有益健康的享受，而不只是为了解渴。

此外，不管是在哪个国家，如今甜品都是人们品尝饮品时不可缺少的重要部分。甜品如何能与茶饮更好地搭配也是大家越来越关心的问题。如果茶饮和甜品搭配得好，会获得1+1远远大于2的效果。

越来越受到年轻人喜爱的新式茶饮

58

小专题
比味觉灵敏一万倍的嗅觉

人的视觉、听觉、嗅觉、味觉、触觉中，最灵敏的就是嗅觉。因为人的嗅觉器官比味觉器官灵敏一万倍，所以气味对人的影响也要远远大于味道。这是人类为了生存，经过长时间进化而成的结果。

此外，嗅觉对人类的记忆也会产生很大的影响。也就是说，通过气味保留的记忆会比用其他感觉留存的记忆清晰一百倍以上。因此，通过看、听、触摸记住的东西，远不如通过闻记住的深刻。我们往往很容易想起饮茶时和气味有关的信息，也许就是这个原因吧。

盛装饮品的玻璃杯

在酒吧里，调酒师向顾客提供的各种鸡尾酒、茶调鸡尾酒或无酒精鸡尾茶，都会搭配使用不同造型的玻璃杯，这是因为玻璃杯可以展现出饮品不同的"性格"，还可以更好地散发出饮品的香气。

鸡尾酒杯
也叫马天尼杯。外形模仿倒三角形身材的芭蕾舞演员。

香槟杯（长笛形）
长笛形的欧式香槟杯，气泡不易散失。

香槟杯（碟形）
碟形的美式香槟杯，适合饮用"红粉佳人"等鸡尾酒。

高球杯
平底无脚酒杯，适合饮用金汤力等鸡尾酒。

古典杯
适合饮用加冰威士忌。

新加坡司令杯
适合饮用"椰林飘香"等充满夏天
气息的热带鸡尾酒。

皮尔森酒杯
得名于捷克皮尔森啤酒的矮脚杯。

威士忌沙瓦杯
可以很好地保留酒香的威士忌杯。

白兰地杯
适合饮用干邑白兰地的酒杯。手握
在杯肚下方，随着温度的上升，可
以更好地体会酒的味道和香气。

雪利杯
适合饮用雪利酒的酒杯，也可用于
盛放漂浮或分层鸡尾酒。

柯林杯
容量一般大于 300 毫升的酒杯，也
叫高筒杯。

　　杯口较大的玻璃杯可使香气更快、更广地扩散开来，适合盛放香气突出
的饮品。杯口较小的玻璃杯则可以很好地保留住香气，适合慢慢饮用香气浓
郁的饮料。如果加冰块饮用，液体倒至杯子七八分满即可。

与饮品搭配的冰块

　　无酒精鸡尾茶、茶调鸡尾酒、冰茶等各类茶饮会搭配使用不同的冰块。冰块的造型与玻璃杯中盛放的茶饮种类以及制作茶饮时液体上层的展示内容有关。比如制作漂浮类（装饰上半部分）的饮品时，需要先将冰块放入玻璃杯中，再进行下面的步骤。也就是说，要首先确定饮品上半部分使用的材料，再按照冰块、茶饮、装饰的顺序来着手制作。下面简单介绍几种茶饮中常用的冰块种类。

小冰块
　　用普通冰格冻出的冰块，轻轻掰动冰格即可取出。从上面看是正方形，但从侧面看是梯形。冻之前一般会放入薄荷叶或花朵装饰。

方形冰块
　　标准的正方体冰块，是用途最为广泛的一种冰块。

碎冰
　　压碎的冰，常用来制作雪泥或思慕雪。

整块冰
　　体积较大的冰块，常用于古典杯。

利用密度差的分层原理制作鸡尾茶

茶饮的种类繁多，展现方式也千变万化，其中就包括用不同颜色的饮料层层堆叠制造出分层效果。最具代表性的就是在玻璃杯中展现出七彩颜色的彩虹鸡尾茶。之所以出现分层，主要是利用了黏稠和甜度高的液体会下沉的密度差原理。

举例来说，如果你想制作一杯分两层的茶饮，只需将糖分高（重的）的材料先放入杯中即可。相反，如果你希望两种材料可以很好地融合在一起，那么就要将黏稠和糖分低的（轻的）材料先放入杯中。如果使用的两种液体有着近似的黏性和甜度，则可以适当增加先放入杯中的液体甜度来打造分层效果，或通过冰块来将两种颜色分隔开来。

需要注意的是，为了制造出清晰的分层效果，将饮料倒入杯子边缘或倒在冰块上时，动作一定要轻且慢，最好利用勺子的背面缓冲一下，这样可以有效避免层次变模糊。

有着彩虹状条纹的
彩虹鸡尾茶

种类繁多的水果切片

  用新鲜水果还是干燥的水果作装饰，取决于要制作的茶饮种类。一般来说，制作鲜果茶饮时推荐使用新鲜水果切片。将水果切片贴在玻璃杯侧面，视觉和味觉上会得到双重满足。

  如果注重茶饮的装饰效果胜过味道，则推荐使用水果干。因为干燥的水果可塑性更强，可根据预想的茶饮展示效果进行创意设计。但设计时注意不宜过于花哨，搭配简单又能较好地完成才是应该考虑的方向。

制作柠檬切片

制作水果干

　　制作水果干的方法与水果的种类无关，最终目的是最大限度地减少水果的含水量。将各类应季水果干燥处理好，在制作茶饮时就可以不受季节约束随意使用了，非常方便。比如在草莓最甜的时节将草莓干燥处理，可保留住草莓最好的味道，一年四季都可以品尝。

左为干燥处理的水果，右为新鲜水果

使用干燥器烘干新鲜水果

用盐和糖进行装饰的雪霜法

　　在盛放茶饮的容器如玻璃杯杯口，粘上一圈白色的盐或砂糖，称为雪霜法。一般是先用柠檬汁把杯口沾湿，然后将杯口放在盛有盐粒或砂糖的小碟子中轻滚一圈，闪闪亮亮的效果非常吸引眼球。

PART 6
康普茶的发酵

康普茶的起源

提到康普茶，人们就会联想到它酸甜的口感、独特的香气以及被誉为健康饮品代表的"江湖地位"。康普茶起源于中国秦朝，在当时的东北地区，包括发酵食物在内的饮食文化已相当发达，饮用兼具助消化和促进新陈代谢功效的康普茶从那时就已流传开来。

到了 18、19 世纪，康普茶通过茶叶贸易开始向外传播，经俄罗斯传入东欧等地，并在 20 世纪传遍世界各国。特别是在第二次世界大战期间，德国人将康普茶再次发扬光大，饮用发酵茶的习惯流行至整个欧洲。20 世纪 50 年代，康普茶在法国和北非等地继续流传，消费市场继而扩大至整个非洲大陆。同时，在地中海沿岸的意大利，也掀起了一股饮用康普茶的热潮。

进入 20 世纪 60 年代，瑞士科学家发布研究结果称康普茶具有和乳酸菌饮料相同的健康功效，这再次刺激了康普茶的消费。现在，各种口味的康普茶被研发出来，在世界各国进行交易，康普茶的培养菌——红茶菌也可以在线上购物网站轻松买到。

培养红茶菌的康普茶原液

康普茶的"灵魂"——红茶菌

　　红茶菌是一个包括益生菌和酵母菌在内的微生物共生菌落，是家庭制作康普茶的原材料。在家中，我们可以先泡上一杯浓茶（种类可自由选择），再放入买到的红茶菌和糖，发酵即可。

　　红茶菌包含六大类茶的茶叶成分，在与糖共同作为发酵基质进行发酵的过程中，甜味会逐渐减少，发酵的酸味会慢慢散发出来，与不同的基底茶融合后形成不同风味的康普茶。此外，发酵时还会产生少量的酒精（小于1%）和二氧化碳，也会给康普茶赋予特有的微微气泡口感。再加上康普茶在发酵过程中还会产生益生菌，可以增强免疫力、养肝护胃和减脂。唯一需要注意的是，尽管康普茶的酒精含量很低，也不建议儿童或孕产妇饮用。

　　在家中制作康普茶时，应确保原材料干净，否则会产生有害细菌，反而对健康不利。另外，康普茶原液和红茶菌如与金属接触，会发生化学反应，影响培养菌的生成，所以在制作时应避免接触金属物体。

微生物共生菌落——红茶菌

康普茶的功效

康普茶很久以前就因其健康功效而在民间流行，但对功效的科学验证却是近些年才开展起来的，各种研究成果陆续发布。以下简单介绍几种为人所熟知的康普茶健康功效。

排除肝脏内和体内有毒物质

康普茶的有效成分中，最受瞩目的就是葡萄糖醛酸。针对康普茶所含成分的研究结果表明，葡萄糖醛酸能与体内细胞代谢过程中产生的杂质或有毒物质结合，并通过消化系统排出体外，从而起到排毒和护肝的作用。

保持健康的胆固醇水平

康普茶能帮助维持血液中的胆固醇正常值，还能降血压。这是因为葡萄糖醛酸有降低胆固醇的功效，可有效起到预防动脉硬化的作用。

改善消化不良

康普茶富含对人体有益的益生菌，对改善消化不良非常有帮助。经常因消化不良而苦恼的人群不妨试着每天坚持饮用适量康普茶，相信一定会有所改善。

预防抑郁症

康普茶中富含多种维生素，能有效抑制诱发压力的激素，有助稳定情绪，保持良好的心理状态。

预防癌症

康普茶富含多种抗氧化成分，能有效调节人体免疫力，对癌细胞的生长有一定抑制作用。

减脂

每100克康普茶只有15千卡的热量，比市面上销售的碳酸饮料低很多，肥胖人士或有减重需求的人群也可以放心饮用。康普茶本身具有促进新陈代谢的作用，还能帮助减少体内脂肪。

康普茶的初次发酵

　　康普茶是需要经过两次发酵制成的饮料。第一次发酵时，需将冲泡好的茶水和适量白糖倒入玻璃瓶中，再放入红茶菌和康普茶原液，放置在避光、通风的场所。这时糖进行发酵，甜味转变为酸味，并生成二氧化碳。在 7～14 天后确认味道没有问题，就可以结束第一次发酵了。经过初次发酵的康普茶需要换到新的玻璃瓶中并冷藏保存。

 配方

材料
- 玻璃容器
- 红茶（或其他茶叶）15～20 克
- 培养好的红茶菌
- 白糖 200 克
- 水 1 升
- 康普茶原液

提前准备
用开水给玻璃瓶消毒。

做法
1. 在煮沸的水中倒入红茶茶叶，盖上盖子闷泡 15～20 分钟。
2. 用过滤网将茶叶滤出，在茶水中放入白糖。
3. 白糖全部化开后，待水温降至 26℃左右时，将液体倒入容器中。
4. 放入红茶菌。
5. 倒入 1～2 量杯的康普茶原液（之前盛放红茶菌的发酵液）。
6. 搅拌均匀（注意不要使用金属物体）。
7. 用透气的棉布覆盖在容器口，并用绳子密封好。

提前准备

1

2

3

4

5

6

7

康普茶的二次发酵

　　虽然只发酵一次的康普茶也可以饮用，但一般人们还会继续加入水果、蔬菜、草本植物等进行二次发酵，使康普茶更具风味。二次发酵时，酵母菌将果糖转化成二氧化碳，为康普茶添加气泡口感，富含乳酸菌的健康饮料就此诞生。

 配方

材料
·初次发酵的康普茶　·玻璃瓶　·水果

提前准备
用开水给玻璃瓶消毒（推荐使用瓶口较大的玻璃容器）。

做法
1. 将发酵过一次的康普茶过滤，清除杂质。
2. 将洗干净的水果切好备用。水果可按照个人喜好，准备苹果、西瓜、蓝莓、葡萄等。
3. 在玻璃瓶中倒入 1/2 ～ 1 量杯的水果和康普茶。水果的甜度越高，生成的二氧化碳越多（小窍门：康普茶中可放入带有水果香的茶包）。
4. 将瓶盖盖严，密封好，放置在 22 ～ 26℃的避光场所（夏天制作时可中途打开瓶盖，排出二氧化碳，能有效减少容器爆炸的风险）。
5. 2 ～ 4 天后，康普茶的二次发酵就完成了。
※ 做好的康普茶可放在冰箱冷藏保存，最好在两周内喝完。
※ 在生成二氧化碳的过程中还会产生少量酒精。

PART 7
茶饮制作工具

制作茶饮所需的工具

从泡茶的茶具到称重的秤，制作茶饮的过程中需要用到各式各样的工具。虽然集齐本书中介绍的所有工具有些困难，但如果你想尝试茶饮制作，则有必要在家中准备一些常用的工具，以备不时之需。

① **泡茶器：** 装好茶叶，放在马克杯中泡茶时使用。

② **过滤网：** 过滤茶叶或饮料时使用。

③ **迷你电动搅拌棒：** 制作奶沫或打发奶酪时使用。

④ **冰激凌勺：** 将冰激凌放在饮料上面时使用。

⑤ **长柄螺旋吧勺：** 搅拌或辅助倒饮料时使用。

⑥ **硅胶刮刀：** 制作奶酪糊或卡仕达酱时使用。

⑦ **削皮器：** 给水果或黄瓜等蔬菜去皮时使用。

⑧ **过滤网（细密型）：** 过滤茶叶时使用。

⑨ **球形勺：** 挖西瓜等水果果肉时使用。

⑩ **冰铲：** 往玻璃杯或调酒器中添加冰块时使用。

⑪ **手动搅拌器：** 搅拌粉类或饮料时使用。

⑫ **调酒器：** 给饮料降温或调酒时使用。

⑬ **电子秤：** 材料称重时使用。

⑭ **计时器：** 计算泡茶时间时使用。

⑮ **烧杯：** 测量饮料体积时使用。

⑯ **榨汁器：** 柠檬、青柠等水果榨汁时使用。

⑰ **茶碗、茶筅、茶匙**

⑱ **茶壶、茶滤、茶杯**

⑲ **喷枪**

⑳ **电动奶泡机**

㉑ **搅拌机**

㉒ **煎茶器**

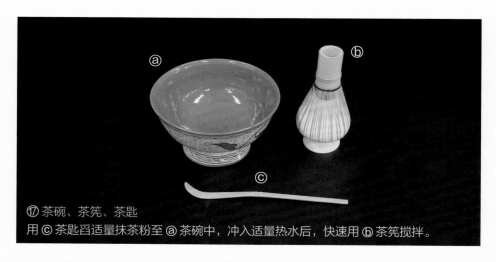

⑰ 茶碗、茶筅、茶匙

用 ⓒ 茶匙舀适量抹茶粉至 ⓐ 茶碗中，冲入适量热水后，快速用 ⓑ 茶筅搅拌。

⑱ 茶壶、茶滤、茶杯

ⓐ 茶壶：泡茶时使用。

ⓑ 茶滤：放在茶壶中使用的过滤网。

ⓒ 茶杯：喝茶时使用。

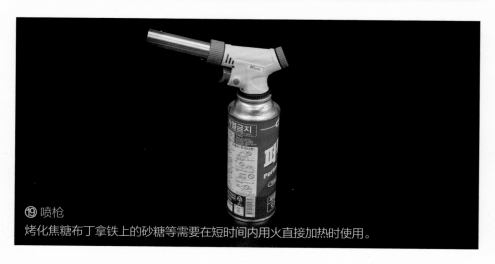

⑲ 喷枪

烤化焦糖布丁拿铁上的砂糖等需要在短时间内用火直接加热时使用。

⑳ 电动奶泡机：打奶泡时使用。

㉑ 搅拌机：打碎水果或其他原材料，或制作冰饮时使用。

㉒ 煎茶器：炒制绿茶茶叶时使用。

PART 8

无咖啡因草本茶

选择无咖啡因草本茶的理由

当今饮料市场销量较大的咖啡、茶等都是含有咖啡因的饮料。茶中的茶碱虽然和咖啡中的咖啡因叫法不同，但基本成分是一样的。最近比较流行的减肥茶饮——马黛茶中也含有咖啡因。因为有的人对咖啡因过敏，还有的人喝了咖啡或茶后难以入睡，所以选择无咖啡因饮料的人也不在少数。草本茶就是最具代表性的一种无咖啡因饮品，如南非博士茶、洛神花茶和洋甘菊茶等。用草本茶制作的即饮瓶装茶饮在饮料市场中拥有较高人气。本书将为大家介绍几种在家中就可轻松制作的草本茶。

无酒精茶饮——无酒精鸡尾茶

茶饮中有使用酒精的饮品，比如用烈性酒、杜松子酒、朗姆酒、波旁威士忌等各种酒类搭配各类草本植物或水果制成的茶调鸡尾酒，也有类似茶调鸡尾酒但却不使用酒精的饮料——无酒精鸡尾茶。

一般人们提到的无酒精鸡尾茶，是指用各类草本植物与糖浆、苏打水、碳酸饮料、果汁等混合在一起，制作出的外形和味道都类似茶调鸡尾酒的一种饮品，唯独不同的就是不含酒精。事实上，在很多西餐厅或酒吧里，调酒师制作无酒精鸡尾茶时使用的方法和工具也基本和制作鸡尾酒时一致。

小专题
无咖啡因和脱咖啡因饮料市场的发展历程

当今全球饮料市场呈现出越来越注重健康的趋势，人们在购买茶、咖啡、草本茶（草药茶）等饮料时，会更多地根据身体需要来做出选择。含咖啡因的饮料有咖啡、茶和马黛茶，无咖啡因饮料有南非博士茶和洛神花茶等。咖啡因有提神醒脑的功能，比较适合考生或上班族，但这一功能对咖啡因过敏或有睡眠障碍的人群来说却是非常不利的，因此选择无咖啡因饮料的人也不在少数。

提到无咖啡因饮料，人们喝的比较多的是草本茶。不过最近脱咖啡因饮料在全球范围内的关注度也越来越高，市场成长加速。在茶、咖啡、马黛茶等本身含有咖啡因的饮料中添加化学溶剂，可将咖啡因提取出来，这样就能大幅降低饮料中的咖啡因含量。

事实上，2017 年英国茶叶品牌"台风"（Typhoo）就在印度开发出了一种将茶叶中的咖啡因减少99%的脱咖啡因茶包，并开始正式销售。

美国著名市场调研机构——财富商业洞察的一份报告显示，2021 年，在亚洲和北美饮料市场，热衷于"傍晚茶"的消费者出现大幅增长。报告还预测，2022 年至 2029 年，脱咖啡因饮料的市场份额将有较大涨幅。

其中的原因在于，这种茶既保留了对健康有益的成分，又大幅降低了咖啡因含量，咖啡因过敏人群和睡眠障碍人群比较关注的咖啡因副作用也随之大幅减少。这样一来，傍晚茶的受众不再受到局限，任何人都能安心享用。事实上，在茶和咖啡市场，咖啡因一直是制约消费潜力增长的主要因素之一，特别是在已呈现饱和状态的咖啡消费市场。业内人士为了消除这一不利因素，正在不断研发并推出新的脱咖啡因产品。现在部分企业也在尝试开发脱咖啡因产品，进一步拓展咖啡消费市场。不过脱咖啡因茶市场的成长可能还需要一些时间，毕竟从以往的经验来看，茶市场的成长是晚于咖啡市场的。

樱花

无咖啡因水果茶

　　热带水果是制作无咖啡因饮料最常用的原材料，比如菠萝、各种莓果、芒果等。热带水果不但味道好，水果香气也很浓郁，鲜艳的颜色还能给人带来美好的视觉感受，而且不含咖啡因，喝起来不会有任何负担。接下来介绍用两种添加了热带水果的无咖啡因水果茶制作的饮料，分别使用了"何等美妙"（What A Feeling）和"彩虹之上"（Over The Rainbow）两款水果茶。

何等美妙

添加了木瓜、菠萝、芒果、椰子、苹果等水果的无咖啡因水果茶。

材料
- 木瓜
- 芒果
- 苹果
- 莓果叶
- 可食用菠萝、椰子、芒果、木瓜香料

热带芒果茶

 配方

材料

- "何等美妙"水果茶 7.5 克（或 3 个茶包）
- 芒果果肉（新鲜或冷冻皆可）30 克
- 芒果果汁 120 毫升　·冰块 60 克
- 椰子冻 20 克　　　·纯净水 250 毫升

提前准备

用水果茶和纯净水制作冷泡茶。

※ 如果时间不充裕，可先用 240 毫升 95℃的热水将水果茶冲泡开，5 ~ 8 分钟后再放入冰块降温。

做法

1. 玻璃杯中倒入冰块、130 毫升冷泡茶和芒果汁。
2. 放入椰子冻，将切好格子的芒果果肉放在最上面。
3. 可用橙子或芒果、菠萝作装饰。

热带橙味
苏打水

 配方

材料

· "何等美妙"水果茶 5 克（或 2 个茶包）
· 橙汁 40 毫升
· 汽水（桃子味）500 毫升
· 冰块 80 ~ 90 克

提前准备

用桃子味汽水和水果茶制作冷泡茶。

※ 用汽水制作的冷泡茶，热带水果的
　甜香味会更加浓郁。

做法

1. 玻璃杯中倒入冰块和橙汁。
2. 倒入做好的冷泡茶。
3. 可用橙子和薄荷叶作装饰。

基底：无咖啡因水果茶 ☑冰 □热

西瓜椰林飘香汽水

 配方

材料

- "何等美妙"水果茶 5 克（或 2 个茶包）
- 椰林飘香糖浆 15 毫升
- 西瓜果肉 70 克
- 汽水（或苏打水）150 毫升
- 纯净水 170 毫升
- 冰块

提前准备
用水果茶和纯净水制作冷泡茶。

做法

1. 在调酒器中倒入西瓜果肉、120 毫升冷泡茶和椰林飘香糖浆，充分摇匀。
2. 玻璃杯中放入冰块，倒入步骤 1 的混合液体，最后再加汽水（或苏打水）即可。
3. 可用西瓜或菠萝作装饰。

蓝色柠檬无酒精鸡尾茶

🍸 配方

材料

- 红茶姐姐自制配方 2 克
- 汽水 140 毫升
- 蓝橙皮酒糖浆 15 毫升
- 柠檬 1/2 个
- 冰块 80 克
- 纯净水 200 毫升

提前准备

1. 红茶姐姐自制配方：柠檬草 0.5 克、柠檬香桃 0.8 克、南非博士绿茶 0.5 克、柠檬皮 0.2 克。以上材料充分混合后加入 200 毫升纯净水，制作出冷泡茶。

2. 用半个柠檬榨出柠檬汁备用。

做法

1. 烧杯中倒入 120 毫升冷泡茶和汽水，搅拌均匀。
2. 玻璃杯中放入冰块和蓝橙皮酒糖浆。
3. 将步骤 1 的混合液缓缓倒入步骤 2 的混合液中，最后再倒入柠檬汁。
4. 可用柠檬、蓝莓和薄荷叶作装饰。

彩虹之上

　　由酸酸甜甜的草莓搭配莓果叶、苹果以及清香的薄荷组成的无咖啡因水果茶。

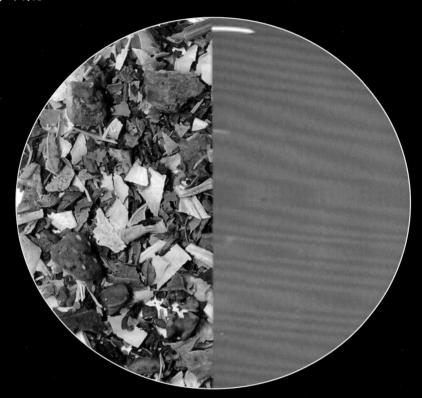

材料

· 留兰香

· 薄荷

· 草莓

· 苹果

· 莓果叶（蓝莓、黑加仑的叶子）

· 荨麻

· 可食用草莓香料

草莓薄荷茶

🍸 配方

材料

- "彩虹之上"水果茶 5 克（或茶包 2 个）
- 纯净水 200 毫升
- 汽水 170 毫升
- 草莓浓缩液 40 毫升
- 冻干草莓（或新鲜草莓）70 克
- 薄荷叶 7 ~ 8 克

提前准备

用水果茶和纯净水制作冷泡茶。

做法

1. 在调酒器中倒入冻干草莓、草莓浓缩液和 60 毫升冷泡茶并充分摇匀，摇成类似冰沙的状态。
2. 玻璃杯中放入薄荷叶，可用小木棍把薄荷叶撑起来。
3. 在玻璃杯中倒入冷泡茶和汽水。
4. 借助勺子背面将调酒器中的混合液缓缓倒入玻璃杯。
5. 可用薄荷叶和冷冻草莓作装饰。

西瓜草莓茶

　　这款饮料是用"彩虹之上"水果茶作为基底，添加西瓜果肉和草莓浓缩液制成的无咖啡因水果茶。草莓的酸搭配西瓜的甜，真是清新又美味。

 配方

材料

· "彩虹之上"水果茶 5 克（或茶包 2 个）
· 冰块
· 汽水（桃子味）150 ～ 170 毫升
· 西瓜果肉 80 克
· 草莓浓缩液 30 毫升
· 纯净水 150 毫升

提前准备

1. 用水果茶和纯净水制作冷泡茶。
2. 可准备几片薄荷叶放在杯子边缘。

做法

1. 在调酒器中倒入西瓜果肉、草莓浓缩液和 150 毫升冷泡茶并充分摇匀。
2. 玻璃杯中放入冰块，倒入步骤 1 的混合液。
3. 倒入桃子味汽水。
4. 可用西瓜、薄荷叶或草莓作装饰。

薄荷饮品

　　世界上的草本植物有成千上万种，有一种最为特别。它散发着清凉的芳香，有清热解暑的药效，很早以前就从西方传入东方，应用非常广泛。它就是我们熟悉的薄荷。薄荷现在常与各类水果一起作为茶饮必不可少的配料被广泛使用。书中将介绍几款利用纳纳薄荷茶（NaNa Mint）和留兰香茶（Spearmint）制作的无咖啡因茶饮配方，方法非常简单，在家就可轻松品尝到清新爽口的薄荷饮料。

纳纳薄荷茶、留兰香茶与胡椒薄荷茶

　　纳纳薄荷茶是一款很好地保留了薄荷香气的无咖啡因草本茶，同时还具有清热解暑的功效。留兰香茶具有辅助治疗消化不良、腹胀、改善心情的作用。胡椒薄荷茶能够辅助治疗感冒、哮喘、支气管炎、肺结核并能缓解精神疲劳。

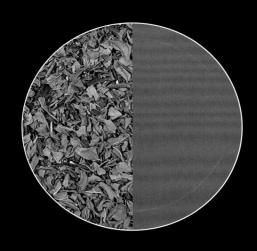

纳纳薄荷茶

原材料来源于摩洛哥薄荷树。

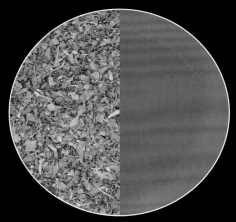

留兰香茶

具有改善消化不良、调节心情、减轻腹胀、缓解恶心、健胃利胆、抗菌等功效。

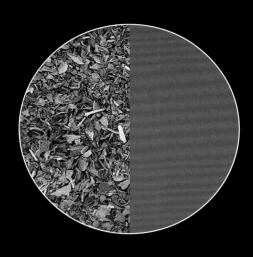

胡椒薄荷茶

有抗菌、解热发汗的功效，对感冒、哮喘、支气管炎、霍乱、肺炎、肺结核、食物中毒、精神疲劳、抑郁症、癫痫等病症有一定缓解和改善作用。

蜂蜜柠檬薄荷茶

可以一边闻着薄荷的芳香，一边品尝柠檬的酸和蜂蜜的甜，它们的搭配真是恰到好处。赶紧尝试一下这款口感清新、清热解暑的饮料吧！

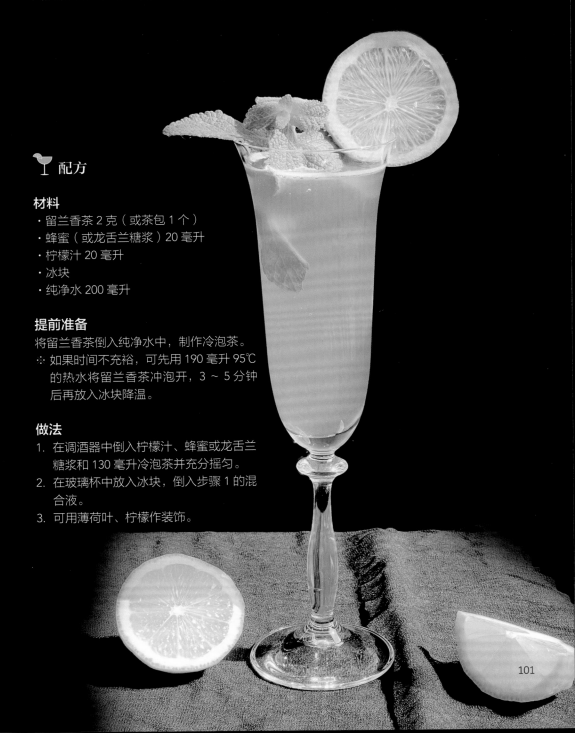

🍸 配方

材料
· 留兰香茶 2 克（或茶包 1 个）
· 蜂蜜（或龙舌兰糖浆）20 毫升
· 柠檬汁 20 毫升
· 冰块
· 纯净水 200 毫升

提前准备
将留兰香茶倒入纯净水中，制作冷泡茶。
∴ 如果时间不充裕，可先用 190 毫升 95℃
   的热水将留兰香茶冲泡开，3 ~ 5 分钟
   后再放入冰块降温。

做法
1. 在调酒器中倒入柠檬汁、蜂蜜或龙舌兰
   糖浆和 130 毫升冷泡茶并充分摇匀。
2. 在玻璃杯中放入冰块，倒入步骤 1 的混
   合液。
3. 可用薄荷叶、柠檬作装饰。

酸橙罗勒薄荷苏打

　　酸橙罗勒薄荷苏打的灵感来自莫吉托鸡尾酒。酸橙、罗勒和薄荷的搭配口感层次丰富，虽是茶饮，却有一种品尝鸡尾酒的感觉。

🐦 配方

材料

· 留兰香茶 2 克（或茶包 1 个）
· 罗勒糖浆 10 毫升
· 薄荷糖浆 10 毫升
· 酸橙 1/2 个
· 酸橙饮料（或低卡碳酸饮料）150 毫升
· 冰块
· 纯净水 200 毫升

提前准备

1. 将留兰香茶倒入纯净水中，制作冷泡茶。
※ 如果时间不充裕，可先用 190 毫升 95℃的热水将留兰香茶冲泡开，3 分钟后再放入冰块降温。
2. 用酸橙榨出酸橙橙汁备用。

做法

1. 在调酒器中倒入 20 毫升酸橙汁、120 毫升冷泡茶和酸橙饮料并充分摇匀。
2. 在玻璃杯中放入罗勒糖浆、薄荷糖浆和冰块。
3. 借助勺子背面将步骤 1 的混合液缓缓倒入步骤 2 的混合液中。
4. 可用酸橙和罗勒叶等香草作装饰。

椰子紫罗兰柠檬茶

椰子锦葵柠檬茶

　　这是一款会变色的无咖啡因草本茶，茶色会由最初清爽的蓝色逐渐变为粉红色，继而再变成紫色。口感上，柠檬的清香和椰子糖浆的搭配会给人耳目一新的感觉。

 配方

材料

·蓝锦葵 0.5 克　·柠檬 1/2 个　·50℃温水 150 毫升　·椰子糖浆 15 毫升　·冰块

提前准备

1. 用 50℃温水冲泡蓝锦葵，10 秒钟后将蓝锦葵取出。　2. 用柠檬榨出柠檬汁备用。

做法

1. 玻璃杯中放入冰块和椰子糖浆，再倒入 150 毫升冲泡好的蓝锦葵茶。
2. 倒入 20 毫升柠檬汁（此时茶色变为粉色）。
3. 可根据喜好酌情增减柠檬汁的用量。

南非博士茶饮品

　　南非博士茶作为无咖啡因草本茶，被广泛应用于各类茶饮的制作中。它颜色鲜艳，不苦不涩，还带有微微的甜味，经常出现在各种茶饮的配料表中。

　　下面将介绍几款以南非博士茶为基底制作的特色茶饮，使用的是一款由南非博士茶、橙皮和可食用橙子香料拼配而成的产品"精彩我生活"（Bravo My Life）。你也可以根据自己的口味，亲手拼配出独有的南非博士茶茶底来制作茶饮。

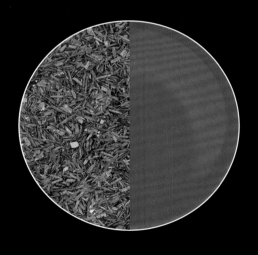

南非博士茶

　　南非博士茶是一款比较有代表性的天然草本茶，它对缓解特应性皮炎、花粉症、过敏、体寒等身体循环系统欠佳的症状有一定效果，它还兼具抗氧化功能，再加上口感微甜，一直以来深受人们喜爱。图中是经过氧化的南非博士红茶。

南非蜜树茶

    南非蜜树茶是一种生长于南非南部地区的天然野生草本植物，因带有蜂蜜般的香气而得名。它与南非博士茶有很多相似之处，也是一款很受欢迎的草本茶。

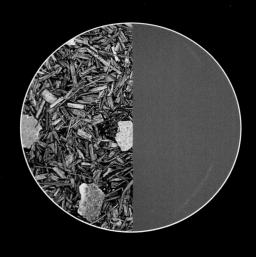

精彩我生活

    添加了橙子甜味的天然无咖啡因草本茶，是闲暇时的最佳伴侣，任何时候都可以来上一杯。

材料

- 南非博士茶
- 橙皮
- 可食用橙子香料

路易波士橙子薄荷茶

　　这是一款以南非博士茶为基底，添加了橙皮和薄荷的清凉饮料，清新爽口，愉悦身心。

 配方

材料

- ·"精彩我生活"2.5克（或茶包1个）
- ·冰块
- ·纳纳薄荷茶2克（或茶包1个）
- ·纯净水300毫升

提前准备

用"精彩我生活"、纳纳薄荷茶和纯净水制作冷泡茶（放入冰箱冷藏10～15小时）。

※ 如果时间不充裕，可在茶壶中放入"精彩我生活"和纳纳薄荷茶，用280毫升95℃的热水将茶叶泡开，5分钟后再放入冰块降温。

※ 薄荷茶可从纳纳薄荷茶、留兰香茶和胡椒薄荷茶中任选一种。

做法

1. 玻璃杯中放入冰块，倒入冷泡茶至满杯。
2. 可用橙子干、酒渍樱桃或迷迭香、百里香和新鲜薄荷叶作装饰。

基底：无咖啡因草本茶 ☑冰 □热

路易波士橙子薄荷气泡茶

集茶香、橙香和薄荷清香于一身的清新碳酸饮料。

 配方

材料
- "精彩我生活" 2.5 克（或茶包 1 个）
- 纳纳薄荷茶 2 克（或茶包 1 个）
- 纯净水 170 毫升
- 青橘味汽水 150 毫升
- 薄荷糖浆 10 毫升
- 冰块

提前准备
用"精彩我生活"、纳纳薄荷茶和纯净水制作冷泡茶（放入冰箱冷藏 10 ~ 15 小时）。

※ 如果时间不充裕，可在茶壶中放入"精彩我生活"和纳纳薄荷茶，先用 160 毫升 95℃ 的热水将茶叶泡开，5 分钟后再放入冰块降温。

※ 薄荷茶可从纳纳薄荷茶、留兰香茶和胡椒薄荷茶中任选一种。

做法
1. 玻璃杯中倒入冰块和薄荷糖浆。
2. 倒入提前做好的 150 毫升路易波士薄荷茶和青橘味汽水。
3. 可用橙子、薄荷叶或柠檬、迷迭香、百里香作装饰。

路易波士橙子苏打

 配方

材料

- "精彩我生活" 5 克（或茶包 2 个）
- 汽水 170 毫升
- 橙子 1/2 个
- 橙子糖浆 10 毫升
- 纯净水 150 毫升
- 冰块 100 克

提前准备

用"精彩我生活"和纯净水制作冷泡茶（放入冰箱冷藏 10 ~ 15 小时）。

※ 如果时间不充裕，可在茶壶中放入"精彩我生活"后，用 140 毫升 95℃的热水将茶叶
泡开，5 分钟后再放入冰块降温。

做法

1. 玻璃杯中放入冰块、橙子糖浆，挤入 10
   毫升橙汁。
2. 倒入提前做好的 150 毫升冷泡茶和汽水。
3. 可用迷迭香、肉桂棒、八角、橙子干或百
   里香和薄荷叶等作装饰。

南非博士茶糖浆的做法

无咖啡因的南非博士茶又称"红茶"或"红灌木茶"，在茶中加入橙子后做成糖浆，可广泛应用于各类茶饮。

 配方

材料

· "精彩我生活" 30 克　· 纯净水 300 毫升　· 白糖（或非精制糖）100 克

提前准备

1. 厚底小锅 2 个。
2. 过滤网（细密型）。
3. 玻璃瓶（盛糖浆的容器）。

做法

1. 锅中倒入纯净水煮开。
2. 关火后放入"精彩我生活"，盖上锅盖，闷泡 10 ~ 15 分钟（南非博士茶即使久泡也不会产生苦味）。
3. 用过滤网滤出 180 毫升茶汤。
4. 另取一只平底锅，倒入茶汤和白糖，小火煮 10 ~ 15 分钟（注意不要搅拌，因为白糖搅拌后会产生结晶）。
5. 稍放凉后倒入玻璃瓶中，放入冰箱冷藏 10 ~ 15 小时即可使用（糖浆会逐渐变得浓稠，类似蜂蜜的浓度）。

路易波士茶

　　将南非博士茶糖浆与热水混合，再用橙子片点缀即可完成。这款茶能有效缓解疲劳和消除紧张情绪，会让人心情变好。

 配方

材料
·南非博士茶糖浆 15 毫升　·95℃ 热水 200 毫升

提前准备
1. 准备好南非博士茶糖浆。
2. 预热茶杯。

做法
1. 在预热好的茶杯中倒入南非博士茶糖浆。
2. 倒入 95℃ 的热水。
3. 可用橙子片作装饰。

路易波士橙子果汁

用南非博士茶糖浆和苏打水制作的清爽饮料，会让低落的情绪一扫而光，是恢复活力的"强心剂"。

 配方

材料

· 南非博士茶糖浆 40 毫升
· 苏打水 250 毫升
· 冰块

提前准备

准备好南非博士茶糖浆。

做法

1. 玻璃杯中放入冰块，倒入苏打水。
2. 再倒入南非博士茶糖浆。
3. 可用橙子、百里香或迷迭香作装饰。

路易波士香橙热奶茶

在西方，人们常用南非博士茶当作红茶来制作奶茶。味道柔和的南非博士茶和牛奶是绝佳搭配，快来试试吧。

 配方

材料
·南非博士茶糖浆 40 毫升 ·热牛奶 200 毫升

提前准备
1. 准备好南非博士茶糖浆。 2. 预热茶杯。

做法
1. 在预热好的茶杯中倒入南非博士茶糖浆。
2. 继续倒入热牛奶，并在最上面倒上一层奶沫。
3. 可用橙子干和南非博士茶茶叶作装饰。

基底：无咖啡因南非博士茶糖浆 ☑冰 □热

路易波士香橙冰奶茶

焦糖质地的橙子味冰奶茶，赶快做一杯尝尝它惊艳的味道吧。

 配方

材料
- 南非博士茶糖浆 50 ~ 70 毫升
- 凉牛奶 250 毫升
- 冰块

提前准备
准备好南非博士茶糖浆。

做法
1. 玻璃杯中放入冰块，倒入凉牛奶。
2. 继续倒入南非博士茶糖浆。
3. 可用橙子干作装饰。

路易波士香橙康普茶

相传秦始皇为了长生不老经常饮用的康普茶，现在依然是健康茶的代名词。这是一次康普茶与酸甜的南非博士茶糖浆之间的美妙相遇。

 配方

材料

· 南非博士茶糖浆 50 毫升
· 康普茶 50 ~ 60 毫升
· 苏打水 250 毫升
· 冰块

提前准备

准备好南非博士茶糖浆。

做法

1. 玻璃杯中放入冰块。
2. 倒入康普茶。
3. 继续倒入苏打水和南非博士茶糖浆。
4. 可用柠檬、百里香或薄荷叶作装饰。

洛神花饮品

　　洛神花富含维生素C，在欧洲曾被用来当作维生素的替代品使用，且色泽艳丽，兼具"内在"和"外在"美。它不但作为单品深受人们喜爱，与各类草本植物和水果拼配而成的茶包产品也有着不错的销量。

　　制作茶饮时，虽然也有单独冲泡洛神花的做法，但主要还是用它来和其他草本植物、水果、香辛料进行拼配。本书介绍的几款洛神花饮品将会使用两款洛神花拼配产品，一款是洛神花与苹果、柠檬草、橙皮、草莓、可食用橙子香料、可食用草莓香料拼配而成的"甜梦"（Sweet Dream）；另一款是洛神花与接骨木、黑加仑、可食用黑加仑香料、可食用红莓香料拼配而成的"迷恋水果"（Lost in Fruit）。当然你也可以根据自己的口味，亲手拼配出独有的洛神花茶底来制作茶饮。

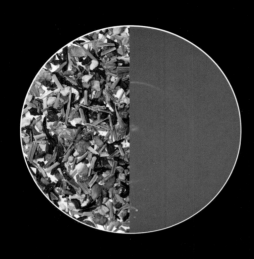

甜梦

　　"甜梦"的橙香和草莓甜香具有安神的效果。被苹果、洛神花、柠檬草、草莓、橙子的香气环绕，肯定能做个甜甜的美梦。

材料
- 苹果
- 洛神花
- 柠檬草
- 橙皮
- 草莓
- 可食用橙子香料
- 可食用草莓香料

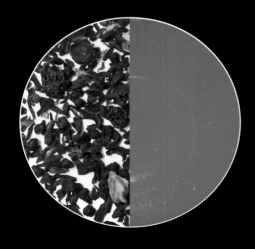

迷恋水果

　　"迷恋水果"最能凸显洛神花酸酸甜甜的味道。洛神花、接骨木和黑加仑都富含维生素C，有很好的抗衰老效果。

材料
- 洛神花
- 接骨木
- 黑加仑
- 可食用黑加仑香料
- 可食用红莓香料

基底：无咖啡因洛神花茶　☐ 冰　☑ 热

洛神花苹果茶

　　洛神花苹果茶带有苹果和洛神花的清新淡雅花果香，既不苦涩，又不含咖啡因，是男女老少皆宜的优秀饮品。

 配方

材料

· "甜梦" 2.5 克（或茶包 1 个）　　· 苹果（或水果）糖浆 20 ~ 30 毫升
· 95℃ 热水 200 毫升

提前准备

1. 在预热好的茶壶中倒入 "甜梦" 和 95℃ 的热水，浸泡 3 ~ 5 分钟。
2. 预热茶杯。

做法

1. 在预热好的茶杯中倒入苹果糖浆（也可用其他水果糖浆代替）。
2. 倒入泡好的洛神花茶，八分满即可。
3. 可将苹果切成好看的造型作为装饰平铺在杯中。

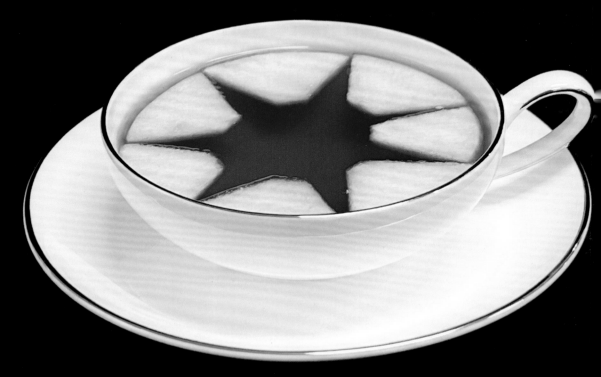

粉椰果冻茶

 配方

材料

· 洛神花拼配茶 5 克："迷恋水果" 2.5 克（或茶包 1 个）+ "甜梦" 2.5 克（或茶包 1 个）

· 椰林飘香糖浆 30 毫升　· 椰子果冻 70 克　· 菠萝汁 80 毫升

· 冰块　　　　　　　　· 纯净水 200 毫升

※ 椰林飘香：朗姆酒中添加热带水果菠萝和椰子的鸡尾酒。

提前准备

用洛神花拼配茶和纯净水制作冷泡茶（冷藏 10 ～ 15 小时）。

※ 如果时间不充裕，可在茶壶中放入洛神花拼配茶，先用 180 毫升 95℃的热水将茶叶泡
　 开，5 ～ 8 分钟后再放入冰块降温。

做法

1. 玻璃杯中放入冰块和椰子果冻。

2. 倒入椰林飘香糖浆和菠萝汁。

3. 将 200 毫升洛神花冷泡茶缓缓倒入杯中。

4. 可用蓝莓、樱桃、百里香或菠萝作装饰。

119

橙色日出

清爽的橙子与酸甜的洛神花的"浪漫约会"！黄色和深红色的搭配给人一种看到彩虹般的灿烂心情。赶紧来尝试一下这款像鸡尾酒的茶饮吧！

🐦 配方

材料

·洛神花拼配茶 5 克："迷恋水果" 2.5 克（或茶包 1 个）+"甜梦" 2.5 克（或茶包 1 个）
·樱桃（或水果）糖浆 20 毫升
·橙汁
·冰块
·纯净水 150 毫升

提前准备

茶壶中加入洛神花拼配茶和纯净水，制作冷泡茶（冷藏 10 ~ 15 小时）。

※ 如果时间不充裕，可在茶壶中放入洛神花拼配茶，用 140 毫升 95℃的热水将茶叶泡开，5 ~ 8 分钟后再放入冰块降温。

做法

1. 玻璃杯中放入冰块和樱桃糖浆。
2. 倒入橙汁至六成满。
3. 借助吧勺背面，将 150 毫升洛神花冷泡茶缓缓倒入杯中。
4. 可用橙子和酒渍樱桃作装饰。

红樱桃蜜桃果汁

 配方

材料

· "迷恋水果" 5 克（或茶包 2 个）
· 浓缩桃汁 30 毫升
· 樱桃糖浆 10 毫升
· 汽水（桃子味）150 ~ 200 毫升
· 冰块 100 克
· 纯净水 150 毫升

提前准备

用 "迷恋水果" 和纯净水制作冷泡茶（冷藏 10 ~ 15 小时）。

※ 如果时间不充裕，可用 140 毫升 95℃ 的热水将 "迷恋水果" 泡开，5 ~ 8 分钟后再放入冰块降温。

做法

1. 玻璃杯中倒入冰块、浓缩桃汁和樱桃糖浆。
2. 倒入 150 毫升冷泡茶和桃子味汽水。
3. 可用柠檬、香草和酒渍樱桃作装饰。

洛神花糖浆的做法

洛神花在茶饮中的使用频率非常高。用"迷恋水果"和"甜梦"拼配的茶叶制作出糖浆，能从中品尝出接骨木和黑加仑的味道。

🍸 配方

材料
· 洛神花拼配茶 30 克："迷恋水果" 15 克（或茶包 6 个）+"甜梦" 15 克（或茶包 6 个）
· 白糖 100 ~ 150 克（可根据喜好调整用量）　·纯净水 300 毫升

提前准备
1. 厚底小锅 2 个。　2. 过滤网（细密型）。　3. 玻璃瓶（盛放糖浆）。

做法
1. 锅中倒入纯净水煮开。
2. 关火后倒入准备好的洛神花拼配茶，盖上锅盖闷泡 10 ~ 15 分钟。
3. 用过滤网滤出茶叶（保留 180 毫升左右的茶汤）。
4. 另取一锅，倒入滤出的茶汤和白糖，小火煮 10 ~ 15 分钟（注意不要搅拌，否则会产生结晶）。
5. 关火，稍稍放凉，装入玻璃瓶，放进冰箱冷藏 10 ~ 15 小时（糖浆会变成类似蜂蜜的浓稠度）。

水果洛神花茶

　　水果洛神花茶带有酸甜的水果果冻味道，颜色非常赏心悦目，是会让人心情变好的一款无咖啡因饮品。

 配方

材料

·洛神花糖浆 20 ~ 30 毫升　·95℃ 热水

提前准备

1. 准备好洛神花糖浆。　2. 预热茶杯。

做法

1. 在预热好的茶杯中倒入洛神花糖浆。
2. 倒入 95℃ 热水。
3. 可用香草或水果干作装饰。

基底：无咖啡因洛神花糖浆　☑冰　□热

水果洛神花汽水

　　洛神花糖浆中添加了苏打水，清新爽口。花青素不但赋予了这款茶漂亮的颜色，还有缓解眼部疲劳的作用。

 配方

材料
·洛神花糖浆 40 ～ 50 毫升　·苏打水 300 毫升　·冰块

提前准备
提前准备好洛神花糖浆。

做法
1. 玻璃杯中放入冰块，倒入洛神花糖浆。
2. 倒入苏打水。
3. 可用草莓、迷迭香或橙子、百里香作装饰。

彩虹茶

 配方

材料
- 洛神花糖浆 30 毫升
- 蓝橙皮酒糖浆 5 毫升
- 橙汁 100~150 毫升
- 冰块 80 克
- 苏打水 170 毫升

提前准备
提前准备好洛神花糖浆。

做法
1. 玻璃杯中放入冰块，倒入洛神花糖浆。
2. 借助吧勺背面将橙汁缓缓倒入杯中。
3. 烧杯中倒入苏打水和蓝橙皮酒糖浆，搅拌均匀。
4. 将步骤 3 的混合液体借助吧勺背面缓缓倒入步骤2的混合液体中，制造出分层效果。可用香草作装饰。

洋甘菊在西方是一种传统的处方草药，用于缓解精神过度紧张、失眠、痛经和胃痛等症状。洋甘菊可直接用热水冲泡饮用，也可和其他草本植物拼配做成冷饮，提升疗效。用洋甘菊和各种草本植物拼配而成的"平和心灵"（Peaceful Mind）作为基底茶，可以轻松制作出各式茶饮。

洋甘菊

　　洋甘菊的镇静效果显著，用它做成的草本茶对促进睡眠非常有帮助。此外它还有消炎的作用，能有效缓解身体器官的炎症。

材料

· 100% 洋甘菊花朵

平和心灵

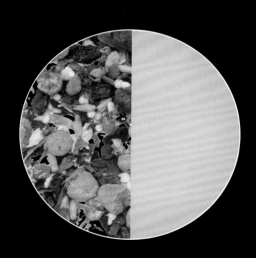

　　"平和心灵"由洋甘菊和薄荷、薰衣草等拼配而成，是一款有着助眠功效的草本茶。此外，里面还添加了有滋阴壮阳功效的沙棘和被称为"神赐谷物"的高蛋白食物苋菜籽，都是对健康有益的食材。

材料

· 洋甘菊花朵
· 薰衣草
· 柠檬香蜂草
· 薄荷
· 沙棘
· 苋菜籽

美梦洋甘菊

　　美梦洋甘菊是红茶姐姐自制的一款有助眠功效的洋甘菊拼配茶。洋甘菊和缬草根的镇静效果显著，能有效缓解紧张、焦虑情绪，快来体验一下吧！

🍸 配方

材料

- 洋甘菊 1.2 克　　· 南非博士茶 0.8 克　　· 留兰香茶 0.6 克
- 缬草根 0.4 克　　· 糖浆或白糖（可选）

提前准备

1. 称量出洋甘菊、南非博士茶、留兰香茶和缬草根，共 3 克。
2. 在预热好的茶壶中倒入拼配茶叶和 95℃热水，冲泡 3 分钟。
3. 预热茶杯。

做法

1. 在预热好的茶杯中倒入茶汤至八九分满。
2. 可根据个人喜好添加糖浆或白糖。
※ 也可用柠檬香蜂草代替缬草根。

部分材料

提前准备1

提前准备2

1

优秀的冬日健康茶——美梦洋甘菊

柚子洋甘菊

　　洋甘菊有消炎作用，有助缓解各种皮肤问题，特别对青春期的青春痘有很好的治疗功效。洋甘菊中加入清香的柚子，味道好极了。

 配方

材料

- "平和心灵"5克（或茶包2个）
- 冰块80克
- 糖渍柚子（或柚子浓缩液）30克
- 纯净水250毫升

提前准备

用"平和心灵"和纯净水制作冷泡茶。

做法

1. 玻璃杯中放入冰块和糖渍柚子（或柚子浓缩液）。
2. 倒入250毫升洋甘菊冷泡茶。
3. 可用橙子、香草作装饰。

美容养颜的柚子洋甘菊

柠檬生姜洋甘菊茶

柠檬、姜、洋甘菊的搭配很绝妙，既清香又微辛辣。这款茶具有消炎功效，对缓解器官炎症有一定帮助。

 配方

材料

- "平和心灵" 2.5 克（或茶包 1 个）
- 姜 1.5 克
- 糖渍柠檬 20 ~ 30 克
- 95℃ 热水 300 毫升

提前准备

1. 称量好"平和心灵"和姜，共 4 克。
2. 在预热好的茶壶中倒入茶叶和姜，用 95℃ 热水冲泡 3 ~ 5 分钟。
3. 预热茶杯。

做法

1. 在预热好的茶杯中放入糖渍柠檬，倒入茶汤至八九分满。
2. 可用柠檬、酒渍樱桃或金橘干作装饰。

有消炎功效的冬日热饮——
柠檬生姜洋甘菊茶

PART 9
以白茶为基底的茶饮

各式各样的白茶

　　白茶因满披白毫（茶叶嫩芽背面生长的一层细绒毛），如银似雪而得名，因养分足、产量少而价格不菲。白茶的主要品种有中国福建的白毫银针和白牡丹等。新鲜的嫩芽采摘后直接送到加工场，在自然环境中只需经历萎凋这一道工序，因此全无人工加工的味道，只有自然环境和气候赋予的天然清香。白茶的香气中有淡淡的水果香和花香，味道清新爽口。此外它有退热的功效，自古以来就入药用来消暑退热。本书将介绍几种以白茶为基底制作茶饮的方法，非常简单易上手。

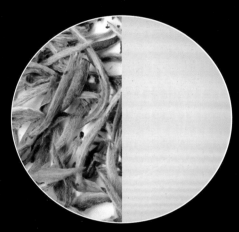

白毫银针

　　只取满覆白毫的嫩芽，是最高级的白茶。

白牡丹

　　产自中国福建的高档白茶，带有隐隐的花香和蜂蜜香。

拼配白牡丹

带有清新草香，味道淡雅、味甘的白茶。

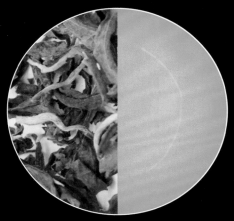

寿眉

产自中国福建的白茶，茶性清凉，香气浓郁。

让我微笑

"让我微笑"是在白茶的基础上添加了热带水果、花、草本植物的高级拼配白茶。优雅的白茶与甜美的莓果搭配和谐，让人心情愉悦。

材料
· 白茶
· 玫瑰果
· 柠檬草
· 菠萝
· 蔓越莓
· 菊花
· 可食用蔓越莓、石榴、香草、燕麦香料

粉色洋甘菊特饮 1

　　红绿相间、充满浓浓圣诞氛围的星巴克冬日特饮，在韩国上市仅 9 天销量就突破了 100 万杯！

 配方

材料

- 拼配茶 4 克
- 荔枝浓缩液 30 毫升
- 椰子果冻 20 克
- 红醋栗 10 克
- 冰块 80 克
- 纯净水 300 毫升

提前准备

1. 自制拼配茶 4 克：洋甘菊 1.4 克 + 拼配白牡丹 0.3 克 + 洛神花 0.7 克 + 薄荷 0.4 克 + 玫瑰果 1.2 克。
2. 用拼配茶和纯净水制作冷泡茶。

做法

1. 玻璃杯中放入冰块和椰子果冻，倒入荔枝浓缩液。
2. 倒入 250 毫升冷泡茶。
3. 放入红醋栗，可用玫瑰果的叶子作装饰，营造圣诞氛围。

粉色洋甘菊特饮 2

 配方

材料

- 拼配茶 2.5 克　　·荔枝浓缩液 15 毫升　　·椰子果冻 10 克　　·95℃ 热水 300 毫升
- 红醋栗 4 克

提前准备

1. 自制拼配茶 2.5 克：洋甘菊 1.5 克 + 洛神花 0.4 克 + 留兰香茶 0.2 克 +
   拼配白牡丹 0.4 克
   + 茶叶专用天然精油（荔枝、热带水果）。
2. 在预热好的茶壶中倒入拼配茶和 95℃ 热水，冲泡 3 ~ 5 分钟。

做法

1. 在预热好的茶杯中倒入椰子果冻和荔枝浓缩液。
2. 倒入 150 ~ 200 毫升刚才冲泡好的茶汤。
3. 放入红醋栗，可用迷迭香装饰。

粉色洋甘菊特饮 3

在散发着淡淡莓果香的白茶里还能品味出荔枝和热带水果的香气。

 配方

材料

- 拼配茶 4 克
- 椰子果冻 20 克
- 纯净水 300 毫升
- 荔枝浓缩液 30 毫升
- 红醋栗 10 克
- 冰块 80 克

提前准备

1. 自制拼配茶 4 克: "让我微笑" 1.3 克 + 洋甘菊 1 克 + 洛神花 0.8 克 + 留兰香茶 0.4 克 + 柠檬草 0.5 克 + 茶叶专用天然精油(荔枝、热带水果)。
2. 用拼配茶和纯净水制作冷泡茶。

做法

1. 玻璃杯中倒入冰块和椰子果冻。
2. 倒入荔枝浓缩液。
3. 倒入 250 ~ 300 毫升冷泡茶(根据个人喜好也可添加苏打水,则冷泡茶需减少至 150 毫升)。
4. 放入红醋栗,可用迷迭香装饰。

白茶果子露

 配方

材料

· 白茶拼配茶 5 克
· 青提糖浆 30 毫升
· 青柠汽水 80 毫升
· 冰块 170 克
· 纯净水 200 毫升

提前准备

1. 自制白茶拼配茶 5 克：白牡丹 1 克 +
   洛神花糖浆 0.5 克 + 玫瑰果 1 克 +
   玫瑰花瓣 0.3 克 + 芒果 1 克 + 菠萝 0.6
   克 + 可食用香料（柠檬、百香果、
   蜂蜜香）0.6 克
2. 用白茶拼配茶和纯净水制作冷泡茶。
※ 如果时间不充裕，可先用 300 毫升
   95℃的热水将白茶拼配茶放在茶壶
   中冲泡开，3 ~ 5 分钟后再放入冰块
   降温。

做法

1. 搅拌机中放入冰块、70 毫升冷泡茶、
   青提糖浆和青柠汽水，搅打成冰沙。
2. 玻璃杯中倒入 80 ~ 100 毫升冷泡茶。
3. 倒入冰沙。
4. 可用莳萝、罗勒、鼠尾草作装饰。

夏日青提果子露

一款用带有清新热带水果风味的白茶拼配茶制作的夏日水果果子露。

配方

材料

- “让我微笑”2.5 克（或茶包 1 个）
- “甜梦”2.5 克（或茶包 1 个）
- 青提气泡水（或香槟）80 毫升
- 青提糖浆 30 毫升
- 冰块 200 克
- 纯净水 150 毫升

提前准备

用“让我微笑”“甜梦”和纯净水制作冷泡茶。

※ 如果时间不充裕，可先用 140 毫升 95℃ 的热水将白茶拼配茶放在茶壶中冲泡开，3 ~ 5 分钟后再放入冰块降温。

做法

1. 搅拌机中放入冰块、70 毫升冷泡茶、青提糖浆和青提气泡水，搅打成冰沙。
2. 杯中倒入 80 毫升冷泡茶。
3. 倒入冰沙。
4. 可用香草作装饰。

部分材料

1

2

3

PART 10
以红茶为基底的茶饮

大吉岭红茶

　　世界红茶产量位居首位的印度是大吉岭、阿萨姆和尼尔吉里等著名红茶的原产地。其中，世界三大红茶之一的大吉岭红茶被誉为"红茶中的香槟"，深受世界各国人民喜爱。位于喜马拉雅山麓的大吉岭地区有着得天独厚的气候条件，使得这里生产的红茶茶香独特，品质绝佳。下面介绍几款以红茶为基底制作的茶饮。

大吉岭

　　与安徽祁门红茶、斯里兰卡锡兰红茶并称为"世界三大红茶"，是最高等级的印度红茶。

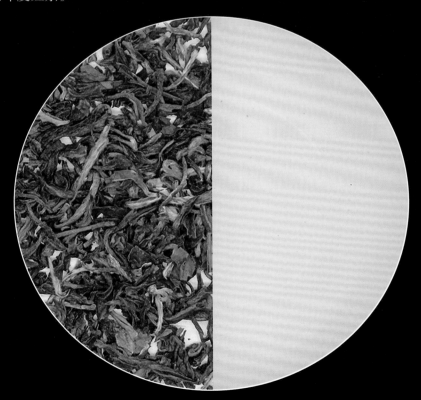

桑格利亚大吉岭茶

🐦 配方

材料

· 大吉岭红茶 5 克（或茶包 2 个）
· 水果：火龙果、猕猴桃、桃子、梨、
　阳光玫瑰青提等
· 青提气泡水 110 ～ 120 毫升
· 纯净水 200 ～ 250 毫升

提前准备

1. 用大吉岭红茶和纯净水制作冷泡茶。
2. 用小号挖球器将火龙果、猕猴桃、桃子、
　 梨、阳光玫瑰青提等水果果肉挖出，放
　 入冰箱冷冻（防止水果变色）。

做法

1. 玻璃杯中倒入冷冻好的各色水果球。
2. 加入 100 毫升冷泡茶和青提气泡水。

※ 桑格利亚是在白香槟酒中加入橙子、苹
　 果、柠檬等水果制成的一种调和酒，是
　 西班牙人常在夏天饮用的传统饮品。

茉莉花大吉岭茶

大吉岭红茶因醇厚的香气而世界闻名，它与花香清雅的茉莉花茶搭配在一起竟也十分和谐。用在印度大吉岭茶园摘下的头茬红茶作为基底，制作一款高品质的红茶茶饮吧！

🍸 **配方**

材料

· 春摘大吉岭红茶 5 克（或茶包 2 个）　　· 碧潭飘雪（茉莉花茶）2 克
· 桂花糖浆 10 毫升　　　　　　　　　　· 冰块 50 克
· 纯净水 350 ~ 400 毫升

提前准备

1. 用大吉岭红茶和 200 ~ 250 毫升纯净水制作冷泡茶。
2. 用碧潭飘雪和 150 毫升纯净水制作冷泡茶。

做法

1. 玻璃杯中放入冰块，倒入桂花糖浆，搅拌均匀。
2. 倒入 150 毫升大吉岭冷泡茶和 80 毫升碧潭飘雪冷泡茶。
3. 可用橙子片、橙皮和迷迭香作装饰。

部分材料

1

2

3

阳光玫瑰大吉岭苏打红茶

阳光玫瑰青提与"红茶中的香槟"大吉岭红茶的绝妙搭配！可以一边感受葡萄的甜美，一边品尝世界最高等级的红茶。

 配方

材料

·春摘大吉岭红茶 5 克（或茶包 2 个）
·青苹果糖浆 15 毫升
·青提气泡水 100 ~ 120 毫升
·阳光玫瑰青提 3 ~ 4 颗
·冰块 30 克
·纯净水 200 毫升

提前准备

1. 用大吉岭红茶和纯净水制作冷泡茶。
2. 准备一个香槟杯。

做法

1. 香槟杯中放入冰块，倒入青苹果糖浆。
2. 倒入 80 ~ 100 毫升冷泡茶和青提气泡水。
3. 放入阳光玫瑰青提。
4. 可用黄瓜片作装饰。

西瓜大吉岭奶油苏打红茶

香草冰激凌能很好地包裹住大吉岭红茶微涩的口感，为茶饮赋予新鲜独特的风味。

 配方

材料
- 春摘大吉岭红茶 5 克（或茶包 2 个）
- 香草冰激凌 1 勺
- 西瓜果汁 70 ～ 80 毫升
- 冰块 50 克
- 雪碧 100 毫升
- 纯净水 200 毫升

提前准备
用大吉岭红茶和纯净水制作冷泡茶。

做法
1. 玻璃杯中放入冰块、西瓜果汁和 90 ～ 100 毫升冷泡茶（想要增加甜度，还可以放一些西瓜糖浆或青苹果糖浆）。
2. 借助吧勺背面小心地将雪碧倒入杯中，再挖一球香草冰激凌放在最上面。
3. 可用糖果和蛋卷作装饰。

各式各样的红茶

　　红茶深受各国尤其是西方人的喜爱。为了使红茶不受地域或气候的影响，保持味道和香气的稳定，人们从很久以前就学会了将不同产地的茶叶拼配在一起的制茶方法。随着拼配技术的不断发展，人们还会在茶叶中加入香草或草药，使味道更加富有层次；也会根据不同地区的水质软硬来选择不同的茶叶，或是将茶叶与牛奶混合，使味道更为醇香。拼配红茶主要有加入佛手柑果实或香气的最早的调味茶——伯爵茶、产自苏格兰的小种红茶、爱尔兰的爱尔兰早餐红茶和英格兰的英式早餐红茶等，此外还有根据各地区不同水质和当地人的口味喜好拼配而成的其他各式调味红茶。

英式早餐红茶

　　用来拼配英式早餐红茶的红茶种类众多，本书中茶饮配方所用的红茶，来自斯里兰卡茶叶协会评选的最优秀茶园——新维他那坎德 （New Vithanakande），黄金毫尖比例高，品质出众。

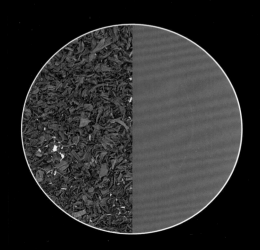

材料
· 斯里兰卡产红茶

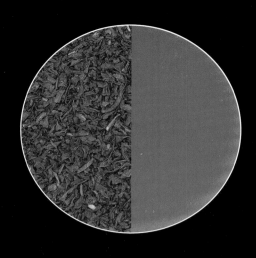

伯爵茶

伯爵茶是最早的调味红茶。本书中使用的伯爵茶来自斯里兰卡茶叶协会评选的最优秀茶园——新维他那坎德，有着特殊的红薯香味。

材料
· 斯里兰卡红茶
· 可食用佛手柑香料

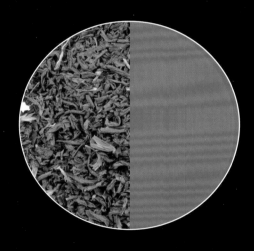

蓝与灰

"蓝与灰"是伯爵茶的一种，主要特征是加入了蓝色矢车菊。

材料
· 红茶
· 矢车菊
· 可食用佛手柑香料

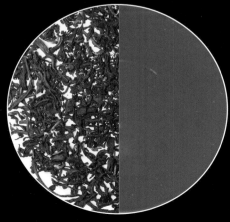

法式伯爵茶

法式伯爵茶不但有清新的佛手柑香气，还带有柔和的香草香，是高端的红茶。

材料
· 红茶
· 可食用佛手柑香料
· 香草香料

西柚蜜红茶

 配方

材料
· 英式早餐红茶 2.5 克（或茶包 1 个）　· 糖渍西柚（或西柚糖浆）20 ～ 30 克
· 95℃ 热水 200 毫升

提前准备
1. 在预热好的茶壶中放入英式早餐红茶，倒入 95℃ 的热水冲泡 3 分钟。
2. 预热茶杯。

做法
1. 在预热好的茶杯中倒入糖渍西柚（或西柚糖浆）。
2. 倒入 170 ～ 200 毫升泡好的红茶。
3. 可用西柚或橙子作装饰。

西柚蜜红茶果汁

 配方

材料
· 英式早餐红茶 5 克（或茶包 2 个）　　· 糖渍西柚（或西柚糖浆）15 ~ 20 克
· 碳酸饮料（西柚味）150 ~ 200 毫升　　· 冰块 100 克　· 纯净水 200 毫升

提前准备
用英式早餐红茶和纯净水制作冷泡茶（冰箱冷藏 10 ~ 15 小时）。
※ 如时间不充裕，可先用 180 毫升 95℃ 的热水将茶叶冲泡 3 分钟，再放入冰块降温。

做法
1. 玻璃杯中倒入冰块和糖渍西柚（或西柚糖浆）。
2. 倒入 150 毫升冷泡红茶和西柚味碳酸饮料。
3. 可用新鲜西柚或西柚干作装饰。

锡兰红柿冰沙

用斯里兰卡红茶粉做成红茶冻放在酸奶上，搭配柿子冰沙，很特别的一道茶饮。

 配方

材料

·柿子 1 个　　　　·酸奶粉 30 克　·红茶冻　·牛奶 40 毫升
·香草糖浆 10 毫升　·炼乳 10 毫升　·冰块 80 克

提前准备

1. 搅拌机中放入 40 克冰块、去皮的柿子和香草糖浆，搅打至看不到冰块，类似冰沙的状态。
2. 搅拌机中放入 40 克冰块、酸奶粉、牛奶和炼乳，搅打均匀。
3. 制作红茶冻（参考第 52 页）。

做法

1. 玻璃杯中倒入 30 克柿子冰沙。
2. 再倒入酸奶至七分满。
3. 最后放上红茶冻。

红茶糖浆的做法

将红茶制作成糖浆会节省很多时间，比如有了红茶糖浆就可以简单快速地拥有一杯奶茶。想要一个随时可以营业的"家庭咖啡厅"，就快来学习一下吧！

 配方

材料
· 伯爵茶（或其他红茶）30 克
· 白糖 100 克
· 纯净水 300 毫升

提前准备
1. 厚底小锅 2 个。
2. 过滤网（细密型）。
3. 盛放糖浆的玻璃瓶。

做法
1. 小锅中倒入纯净水煮开。
2. 关火，倒入茶叶，盖上盖子闷泡 10 分钟。
3. 用过滤网将茶叶过滤，滤出 170 毫升茶汤。
4. 取一口新锅，倒入茶汤和白糖，小火熬煮 10 ~ 15 分钟（注意不要搅拌，以免产生结晶）。
5. 放凉后倒入玻璃瓶，放进冰箱冷藏 10 ~ 15 小时后（液体变浓稠）即可使用。

制作热红茶、冰红茶、奶茶等各式茶饮
都可使用的红茶糖浆

158

伯爵红茶

　　只要有一瓶带有独特柑橘香气的伯爵茶制成的糖浆，就能随时拥有一杯伯爵红茶。

 配方

材料
· 红茶（伯爵茶）糖浆 15 ～ 20 毫升　· 95℃热水 170 ～ 200 毫升

提前准备
1. 制作红茶糖浆。　2. 预热茶杯。

做法
1. 在预热好的茶杯中倒入红茶糖浆。
2. 倒入 95℃的热水。
3. 可用柠檬干或青柠干、橙子干作装饰。

伯爵红茶果汁

伯爵红茶果汁清新爽口，是慵懒午后振奋精神的"活力水"。用红茶糖浆只要几分钟就能做好，心情转换就在一瞬间！

 配方

材料
- 红茶（伯爵茶）糖浆 20 ~ 30 毫升
- 苏打水 170 ~ 200 毫升
- 冰块 70 克

提前准备

制作红茶糖浆。

做法
1. 玻璃杯中放入冰块，倒入红茶糖浆。
2. 倒入苏打水。
3. 可用青柠、百里香或柠檬、迷迭香作装饰。

伯爵热奶茶

　　以伯爵奶茶、早餐茶、阿萨姆奶茶为代表的奶茶深受现代人的喜爱。下面这款非常简单的奶茶，只需在红茶糖浆中加入牛奶即可。

 配方

材料
·红茶（伯爵茶）糖浆 30 毫升　·蒸汽牛奶（或热牛奶）170 ~ 200 毫升

提前准备
1. 制作红茶糖浆。　2. 预热茶杯。

做法
1. 在预热好的茶杯中倒入红茶糖浆。
2. 倒入蒸汽牛奶（或热牛奶）。
3. 最后再加一些奶沫。
4. 可用可食用糖珠作装饰。

基底：红茶糖浆 ☑冰 □热

伯爵冰奶茶

　　用红茶糖浆不但可以做热奶茶，还能做冰奶茶，只要在红茶糖浆中加入凉牛奶和冰块即可完成，非常简单。

 配方

材料
· 红茶（伯爵茶）糖浆 30 ~ 40 毫升　·凉牛奶 150 ~ 200 毫升　·冰块 50 克

提前准备
制作红茶糖浆。

做法
1. 玻璃杯中放入冰块和凉牛奶。
2. 倒入红茶糖浆。
3. 可用打发的奶油做顶部装饰。

伯爵康普茶

红茶糖浆还可以用来制作发酵类健康饮品，不妨尝试一下伯爵红茶和康普茶的绝妙搭配。

🍸 配方

材料
· 红茶（伯爵茶）糖浆 25 ~ 30 毫升
· 康普茶 30 ~ 40 毫升
· 苏打水 100 毫升
· 冰块 50 ~ 60 克

提前准备
制作红茶糖浆。

做法
1. 玻璃杯中放入冰块和红茶糖浆。
2. 倒入苏打水和康普茶。
3. 可用新鲜柠檬、柠檬干和薄荷叶等香草作装饰。

马萨拉茶

　　马萨拉茶是由印度红茶搭配各种香料制成的热饮，既能暖身，又能暖心。制作马萨拉茶最关键的是确定好红茶和各种香料的比例。

　　本书将介绍几款用"冬日故事"（A Winter Story）制作的茶饮配方。"冬日故事"融合了印度阿萨姆CTC红茶、肉桂、姜、小豆蔻（种子和果实）、香草荚等多种原材料，且搭配得非常得当。

冬日故事

　　由印度阿萨姆CTC红茶与各种香辛料拼配而成。

材料
·阿萨姆CTC红茶
·肉桂
·姜
·小豆蔻种子
·小豆蔻果
·香草荚
·可食用香料（肉桂、香草）

印度红茶糖浆的做法

用红茶与香辛料拼配而成的马萨拉茶制作的糖浆，可用来制作热茶、冰茶和奶茶等各式饮品，在家中就可轻松完成。

 配方

材料
- "冬日故事" 30 克
- 纯净水 300 毫升
- 白糖 100 克

提前准备
1. 厚底小锅 2 个。
2. 过滤网（细密型）。
3. 盛放糖浆的玻璃瓶。

做法
1. 小锅中倒入纯净水煮开。
2. 关火，倒入茶叶，盖上盖子闷泡 10 分钟。
3. 用过滤网过滤出茶叶，滤出 250 毫升茶汤。
4. 取一新锅，倒入茶汤和白糖，小火熬煮 10 ~ 15 分钟（熬至 190 毫升左右）。注意不要搅拌，以免产生结晶。
5. 放凉后倒入玻璃瓶，放进冰箱冷藏 10 ~ 15 小时后（糖浆变浓稠）即可使用。

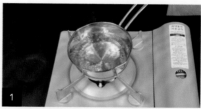

材料

印度红茶糖浆——快速拥有印度红茶拿铁和
印度红茶的"秘方"

印度红茶拿铁

以印度红茶糖浆为基底的茶饮，可谓"家庭咖啡馆"的代表作品。红茶和香辛料的温柔"相遇"造就了红茶拿铁的绝佳味道，可以说是茶糖浆系列饮品中最棒的味道！

 配方

材料
· 印度红茶糖浆 20 ~ 30 毫升
· 蒸汽牛奶（或热牛奶）170 ~ 200 毫升

提前准备
1. 制作印度红茶糖浆。
2. 预热茶杯。

做法
1. 在预热好的茶杯中倒入印度红茶糖浆。
2. 倒入蒸汽牛奶（或热牛奶）。
3. 可用肉桂粉、八角或肉桂作装饰。

印度红茶冰拿铁

 配方

材料

·印度红茶糖浆 30 ～ 40 毫升　·凉牛奶 150 ～ 200 毫升　·打发奶油　·冰块 50 克

提前准备

制作印度红茶糖浆。

做法

1. 玻璃杯中放入冰块和印度红茶糖浆。
2. 倒入凉牛奶，挤上打发奶油。
3. 可用肉桂和焦糖糖浆作装饰。

PART 11
奶茶

全世界人都爱的奶茶

　　赢得全世界人民喜爱的奶茶，在各地流行着不同的风味。在英国，如英格兰、威尔士、苏格兰等地都有饮用奶茶的传统文化，当地人习惯用味道浓郁的早餐茶与牛奶进行搭配。印度人则是在香辛料和红茶中倒入牛奶，制成马萨拉茶来饮用。在中国，含有木薯粉珍珠的珍珠奶茶和加入咖啡的港式冻鸳鸯非常流行。日本和韩国也都有着不同特色的奶茶，现在都已成为年轻人的日常饮品。

　　总之，以茶香浓郁的红茶作为基底制成的奶茶种类繁多，广受全世界人民的喜爱与追捧。

与各种草本植物和香辛料搭配得当的奶茶

阿萨姆 CTC 红茶

  奶茶主要以各式各样的红茶作为基底来制作，印度的阿萨姆 CTC 红茶就是最具代表性的一种制作奶茶的茶叶。这种红茶颜色较深，有着浓郁的麦芽香，是制作奶茶时应用最多的一种红茶。下面就用带有甜美麦芽香的阿萨姆 CTC 红茶来制作几款好喝的奶茶。

材料
· 印度阿萨姆 CTC 红茶

皇家奶茶

　　介绍一款用带有浓郁麦芽香的印度阿萨姆 CTC 红茶作为基底制作的"皇家奶茶"。有了这个配方，"家庭咖啡馆"可以随时开业。

🍸 配方

材料
·阿萨姆 CTC 红茶 10 克　　·牛奶 150 ~ 200 毫升　　·白糖 15 克　　·纯净水 100 毫升

提前准备
1. 小锅 2 个。　2. 烧杯。　3. 过滤网。　4. 预热茶杯。

做法
1. 用小锅将纯净水烧开。
2. 水开后加入阿萨姆 CTC 红茶，关火，盖上盖子闷泡 3 分钟。
3. 用过滤网将茶叶滤至烧杯中。
4. 在另一口锅里倒入茶汤，加入白糖和牛奶，中小火煮至锅边冒小泡的微开状态后关火。
5. 用过滤网将煮好的奶茶过滤到茶杯中，八九分满即可。

冷泡奶茶

在红茶中直接倒入牛奶制作的冷泡奶茶。

 配方

材料

· 红茶（英式早餐红茶）10 克（或伯爵茶 6 克 + 英式早餐红茶 4 克）
· 牛奶 200 毫升　· 白糖 20 ～ 25 克　· 冰块　· 95℃ 热水 70 毫升

提前准备

1. 冷泡用玻璃瓶（大瓶口为宜）。　2. 过滤网（细密型）。

做法

1. 玻璃瓶中倒入 95℃ 的热水和红茶，泡 3 分钟。
2. 放入白糖，轻轻晃动使其化开。
3. 倒入牛奶，盖上盖子，放进冰箱冷藏 10 ～ 15 小时进行冷泡。
4. 将做好的冷泡奶茶用过滤网将茶叶滤出。
5. 在玻璃瓶中放入冰块。

马萨拉奶茶

 配方

材料

- 红茶（阿萨姆CTC红茶）6克
- 丁香 0.6 克
- 黑胡椒 0.7 克
- 姜粉 1 克
- 肉桂 1 克
- 茴香 0.5 克
- 甘草 1 克
- 小豆蔻 0.8 克
- 橙皮 0.4 克
- 牛奶 150 ~ 200 毫升

提前准备

1. 臼子（用来捣碎香料）。　2. 过滤网（细密型）。　3. 白糖（根据个人喜好）。

做法

1. 锅中倒入牛奶，中小火加热。
2. 牛奶沸腾时立即转最小火。
3. 将丁香、黑胡椒、姜粉、肉桂、茴香、甘草、小豆蔻、橙皮依次放入臼子中捣碎，倒进牛奶中。
4. 倒入红茶和白糖（如果希望甜一些，可加 6 ~ 10 克白糖）。锅边开始冒泡时立即关火。
5. 用过滤网将奶茶中的茶叶滤出。
6. 将奶茶倒入预热好的茶杯中，注意锅要举得高一些。
7. 推荐用八角作装饰，让它漂在奶茶上即可。

黑糖珍珠奶茶

添加了黑糖的珍珠奶茶。

 配方

材料
- 木薯粉珍珠 300 克
- 黑糖 500 克
- 纯净水 100 毫升
- 凉牛奶 230 ~ 250 毫升
- 红茶粉 2 克（可选）
- 抹茶粉 3 ~ 4 克（可选）
- 冰块

提前准备
用木薯粉珍珠、黑糖和纯净水制作黑糖木薯粉珍珠（参考第 51 页）。

做法
1. 玻璃杯中放入 80 ~ 100 克黑糖木薯粉珍珠，倒入制作珍珠剩余的黑糖水。要尽量贴着杯子内侧倒入，营造出一种黑糖自然流下来的效果。
2. 放入冰块和凉牛奶。

※ 其他两种做法：
1. 烧杯中放入红茶粉和 10 毫升 95℃ 的热水，搅匀后倒入做好的珍珠奶茶中，就是红茶味珍珠奶茶。
2. 烧杯中放入抹茶粉和 10 毫升 80℃ 的热水，搅匀后倒入做好的珍珠奶茶中，就是抹茶味珍珠奶茶。

台式奶茶❶珍珠奶茶

中国台湾的奶茶种类非常多。首先介绍一款味道像意式浓缩咖啡一样醇厚，却冰凉爽口的台式珍珠奶茶。

 配方

材料
· 红茶（英式早餐红茶）7.5克（或茶包3个）
· 95℃ 热水 200 毫升
· 咖啡伴侣 4 勺
· 糖浆 30 ~ 40 毫升
· 木薯粉珍珠 50 克
· 冰块 150 克

提前准备
1. 用 95℃ 的热水冲泡红茶，等待 3 分钟。
2. 烧杯中放入咖啡伴侣、150 毫升红茶茶汤和糖浆，搅拌均匀。

做法
1. 将冰块和烧杯中的混合液体倒入搅拌机，搅打成冰沙。
2. 将冰沙倒入玻璃杯，上方留出一定空间。
3. 添加木薯粉珍珠。
4. 搭配粗一些的吸管。

珍珠奶茶（添加咖啡伴侣）

珍珠鲜奶茶（添加牛奶）

台式奶茶 ❷ 珍珠鲜奶茶

 配方

材料

· 红茶（英式早餐红茶）5 克（或茶包 2 个）　· 95℃ 热水 170 毫升　· 凉牛奶 150 毫升

· 糖浆 30 ~ 40 毫升　· 木薯粉珍珠 50 克　· 冰块 150 克

提前准备

1. 用 95℃ 的热水冲泡红茶，等待 3 分钟。
2. 烧杯中放入凉牛奶、130 毫升红茶茶汤和糖浆，搅拌均匀。

做法

1. 将冰块和烧杯中的混合液体倒入搅拌机，搅打成冰沙。
2. 将冰沙倒入玻璃杯，上方留出一定空间。
3. 加入木薯粉珍珠。
4. 搭配粗一些的吸管。

179

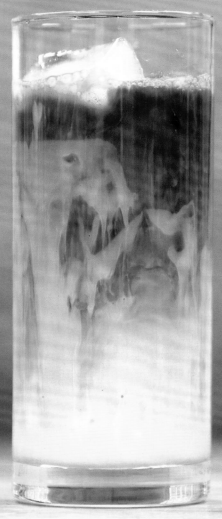

港式奶茶 "冻鸳鸯"

香港有一种在奶茶中添加咖啡的饮品"冻鸳鸯",是一款味道香甜的港式冰奶茶。快来试一下吧!

 配方

材料

· 英式早餐红茶 5 克(或茶包 2 个)
· 速溶咖啡 2 ~ 4 克
· 炼乳 40 毫升
· 凉牛奶 130 ~ 150 毫升
· 冰块
· 95℃ 热水 150 毫升

提前准备

1. 用 95℃ 的热水冲泡红茶,等待 3 分钟。
2. 烧杯中倒入 130 毫升红茶茶汤,加入速溶咖啡,搅拌均匀。

做法

1. 玻璃杯中放入冰块,再倒入凉牛奶和炼乳。
2. 将事先准备好的混合液体倒进杯中。

椪糖奶茶

　　白砂糖化开后加入食用小苏打做成的椪糖饼干是许多人童年的美好回忆。让我们用这杯甜甜的椪糖奶茶来唤醒甜蜜的记忆吧。

 配方

材料
·白砂糖 500 克　·食用小苏打 10 ~ 15 克　·锡纸　·牛奶 250 毫升　·冰块
·纯净水 150 ~ 200 毫升

提前准备
1. 存放椪糖饼干的容器。　2. 将锡纸平铺在桌上。

做法
1. 小锅中加入纯净水和白砂糖，小火加热。
2. 糖变成黄褐色（约 16 分钟）后关火，加入食用小苏打并快速搅拌。
3. 饼干坯膨胀成形后趁热倒在锡纸上放凉（约 1 小时）。
4. 玻璃杯中加入冰块和牛奶，再放上做好的椪糖饼干块。
※ 食用小苏打的用量约为白砂糖的 3%，水量为白砂糖的 30% ~ 40%。

奶茶　☑冰　□热

椪糖红茶拿铁

在甜甜的椪糖奶茶中加入红茶浓缩液，就变成了椪糖红茶拿铁，制作方法非常简单。

 配方

材料
· 浓缩红茶粉 3 克　· 椪糖 20 ~ 25 克　· 凉牛奶 200 ~ 250 毫升
· 冰块　　　　　　· 95℃ 热水 10 毫升

提前准备
制作椪糖。

做法
1. 烧杯中放入浓缩红茶粉和 95℃ 的热水，搅拌均匀。
2. 玻璃杯中加入冰块和凉牛奶，再倒入刚冲好的红茶浓缩液。
3. 最后放上椪糖。

奶茶　☑冰　□热

椪糖黑咖拿铁

椪糖红茶拿铁还有一个"咖啡版本"，即添加了咖啡和红茶浓缩液的椪糖黑咖拿铁。奶茶与咖啡的组合也非常值得一试。

 配方

材料
· 浓缩红茶粉 2 克　· 意式浓缩咖啡 30 毫升　· 冰块
· 椪糖 20 ~ 25 克　· 凉牛奶 200 ~ 250 毫升　· 95℃ 热水 10 毫升

提前准备
制作椪糖。

做法
1. 烧杯中放入浓缩红茶粉和 95℃ 的热水，搅拌均匀。
2. 准备好意式浓缩咖啡。
3. 玻璃杯中加入冰块和凉牛奶，再倒入冲好的红茶浓缩液和意式浓缩咖啡。
4. 最后放上椪糖。

红茶粉和浓缩红茶粉

　　现如今红茶被制成了各种红茶粉末，加水一冲就可以方便地饮用。本书将介绍几款用红茶粉制作的奶茶，非常简单。用到的红茶粉有两种，一种是用100%红茶制成的红茶粉，另一种是添加了非精制甘蔗原糖的浓缩红茶粉。

路易波士香橙奶茶　　　　伯爵奶茶　　　　提拉米苏可可奶茶　　　　肉桂生姜奶茶

红茶粉

　　红茶粉是用像糖稀一样甜美的红茶冲泡出的茶汤制作而成的浓缩粉末。这里的甜味来自丰富的氨基酸。红茶粉可应用于任何一款与红茶有关的茶饮中，不论在咖啡厅还是家中，都是很好的选择。

材料
·100% 斯里兰卡红茶

浓缩红茶粉

　　同样也是用红茶冲泡出的茶汤制作而成的浓缩粉末，只不过还添加了非精制甘蔗原糖。

轻盈版（比原味口感清淡）

原味

材料
·100% 斯里兰卡红茶
·非精制甘蔗原糖

红茶粉饮品①轻盈版

 配方

材料（轻盈版）250 毫升 1 杯
· 浓缩红茶粉（轻盈版）25 克（10%）　· 凉牛奶 225 毫升（90%）　· 冰块

提前准备
准备一个盛放奶茶的容器（瓶子）。

做法
1. 准备好轻盈版浓缩红茶粉。
2. 将凉牛奶与浓缩红茶粉混合搅拌均匀（轻盈版浓缩红茶粉在凉水中也可以快速溶解）。
3. 玻璃杯中倒入冰块和步骤 2 做好的奶茶。
4. 将奶茶倒入玻璃瓶，放入冰箱冷藏 10 ~ 15 小时使其稳定。
※ 轻盈版奶茶中可加入伯爵茶、印度红茶、路易波士香橙茶等制作各式奶茶。

红茶粉饮品②原味

 配方

材料（原味）250 毫升 1 杯
· 浓缩红茶粉（原味）25 克（10%）
· 95℃ 热水 25 毫升（10%）　· 凉牛奶 200 毫升（80%）　· 冰块

提前准备
准备一个盛放奶茶的容器（瓶子）。

做法
1. 准备好加入非精制甘蔗原糖的原味浓缩红茶粉。
2. 烧杯中放入浓缩红茶粉和 95℃ 的热水，用迷你搅拌棒充分搅打均匀，使其化开。
3. 加入凉牛奶，搅拌均匀。
4. 玻璃杯中放入冰块和步骤 3 做好的奶茶（放入冰箱冷藏一天效果更佳。此时牛奶的腥味已完全消失，可以感受到更为浓郁的奶茶香味）。
※ 原味奶茶中可加入伯爵茶、印度红茶、路易波士香橙茶等制作各式奶茶。

肉桂生姜奶茶

　　这次我们用浓缩红茶粉和马萨拉茶拼配的"冬日故事"来做一款肉桂生姜奶茶吧！

 配方

材料
· 浓缩红茶粉 30 克（12%）　　· 凉牛奶 190 毫升（76%）
· "冬日故事" 7.5 克（或茶包 3 个）+95℃ 的热水冲泡出的茶汤 30 毫升（12%）

提前准备
1. 将"冬日故事"倒入预热好的茶壶中，加入 50 毫升 95℃ 的热水，冲泡 10 分钟。
2. 用过滤网将茶叶滤出。

做法
1. 烧杯中加入 30 毫升茶汤和浓缩红茶粉，搅拌至完全溶解。
2. 加入凉牛奶，搅拌均匀。
3. 将做好的奶茶倒入玻璃瓶，放入冰箱冷藏 10 ~ 15 小时使其稳定。

巧克力味草本拼配茶

　　牛奶与巧克力或香蕉是绝佳搭配，同理，巧克力风味的奶茶味道也相当出色。下面就让我们用由南非博士茶和巧克力等材料拼配而成的"迷恋巧克力"（Lost in Chocolate）以及由南非博士茶和香蕉等材料拼配而成的"可可饼干"（Coco Cookie）这两种茶粉来制作几款奶茶吧。

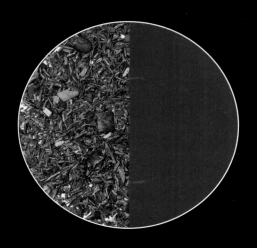

迷恋巧克力

　　南非博士茶与香甜的巧克力"陷入热恋"，成就了这款"迷恋巧克力"。带有奶香的巧克力会瞬间融化在心间。

材料
· 南非博士茶 　· 可可
· 巧克力屑 　　· 马黛茶
· 椰子
· 可食用巧克力味香料、可食用提拉米苏味香料

可可饼干

　　南非博士茶与香蕉、可可、榛子搭配在一起，会产生出香蕉饼干的味道。这款"可可饼干"不含咖啡因，是一款带有甜甜香蕉味道的南非博士茶。

材料
· 南非博士茶 　· 金盏花
· 巧克力屑 　　· 可可豆
· 香蕉碎 　　　· 坚果
· 杏仁 　　　　· 焦糖
· 甘草
· 可食用香蕉味香料、可食用焦糖味香料、可食用巧克力味香料

提拉米苏可可奶茶

来试试用浓缩红茶粉与巧克力口味的"迷恋巧克力""可可饼干"搭配制作的提拉米苏可可奶茶吧。

 配方

材料

- 浓缩红茶粉 30 克（12%）
- 凉牛奶 190 毫升（76%）
- "迷恋巧克力" 3.75 克和"可可饼干" 3.75 克 +95℃ 的热水冲泡出的茶汤 30 毫升（12%）

提前准备

1. 称量好"迷恋巧克力"和"可可饼干"。
2. 在预热好的茶壶中倒入茶叶和 50 毫升 95℃ 的热水，冲泡 10 分钟。
3. 用过滤网将茶叶滤出。

做法

1. 烧杯中倒入 30 毫升茶汤和浓缩红茶粉，搅拌至浓缩红茶粉完全化开。
2. 倒入凉牛奶，搅拌均匀。
3. 将做好的奶茶倒入玻璃瓶中，放入冰箱冷藏 10 ~ 15 小时使其稳定。

路易波士香橙奶茶

　　味道淡雅的路易波士香橙茶和牛奶也是不错的搭配。让我们用南非博士茶"永恒一生"和浓缩红茶粉来做一款奶茶吧！

 配方

材料

· 浓缩红茶粉 30 克（12%）
· 凉牛奶 190 毫升（76%）
· "永恒一生" 7.5 克（或茶包 3 个）+95℃的热水冲泡出的茶汤 30 毫升（12%）

提前准备

1. 称量出 7.5 克的 "永恒一生"。
2. 在预热好的茶壶中倒入茶叶和 50 毫升 95℃ 的热水，冲泡 10 ～ 15 分钟。

3. 10～15 分钟后用过滤网将茶叶滤出。

做法

1. 烧杯中倒入 30 毫升茶汤和浓缩红茶粉，搅拌至粉完全化开。
2. 倒入凉牛奶，搅拌均匀。
3. 将做好的奶茶倒入玻璃瓶，放入冰箱冷藏 10 ～ 15 小时使其稳定。

伯爵奶茶

有没有一种饮料能同时品尝到佛手柑的清香和奶茶的香甜？答案就在用名为"法式伯爵"的伯爵红茶和浓缩红茶粉制作的奶茶中。

 配方

材料
- 浓缩红茶粉 30 克（12%）
- 凉牛奶 190 毫升（76%）
- 伯爵红茶（法式伯爵）7.5 克 +95℃ 的热水冲泡出的茶汤 30 毫升（12%）

提前准备
1. 称量出 7.5 克伯爵红茶。
2. 在预热好的茶壶中倒入茶叶和 50 毫升 95℃ 的热水，冲泡 10 分钟。
3. 10 分钟后用过滤网将茶叶滤出。

做法
1. 烧杯中倒入 30 毫升茶汤和浓缩红茶粉，搅拌至粉完全化开。
2. 倒入凉牛奶，搅拌均匀。
3. 将做好的奶茶倒入玻璃瓶，放入冰箱冷藏 10 ～ 15 小时使其稳定。

焦糖布丁拿铁

为大家介绍一款奶油般丝滑、带有卡仕达奶酪风味的餐后红茶饮品。

 配方

材料

- 浓缩红茶粉 15 克
- 红茶粉 2 克
- 凉牛奶 100 毫升
- 鲜奶油 60 克
- 白砂糖 25 克
- 蛋黄 2 个
- 香草糖浆 10 毫升
- 冰块 40 ~ 50 克
- 95℃ 热水 7 毫升

提前准备

1. 制作基底茶:

   烧杯中放入浓缩红茶粉、红茶粉和 95℃ 的热水,搅拌均匀(准备一份浓茶)。

2. 制作卡仕达奶酪:

   (1)烧杯中放入蛋黄、10 克白砂糖和香草糖浆,搅拌均匀后倒入锅中,小火稍加热 10 ~ 20 秒,使其变熟(注意不要过熟,要控制好火候和时间),然后放进冰箱冷藏约 3 分钟。

   (2)烧杯中放入鲜奶油和 10 克白砂糖,用电动打蛋器或迷你搅拌棒打发至浓稠。

   (3)稍放凉后倒入步骤(1)的混合物,再次打发。

做法

1. 杯中放入冰块、凉牛奶和提前做好的基底茶。
2. 加入卡仕达奶酪。
3. 均匀撒一层白砂糖。
4. 用喷枪喷焦,焦糖布丁拿铁就做好了。
5. 端上桌时可搭配一把甜品勺。

奶茶阿芙佳朵

🍸 **配方**

材料
· 浓缩红茶粉 15 克　　· 红茶粉 1.5 克
· 香草冰激凌　　　　　· 95℃ 热水 5 毫升

提前准备
1. 称量好浓缩红茶粉和红茶粉。
2. 将两种粉和热水搅拌均匀（搅拌成像糖稀一样的浓稠度）。

做法
1. 用挖球勺挖适量香草冰激凌，放在冰激凌杯中。
2. 根据个人喜好将适量红茶浓缩液浇在冰激凌球上。
3. 可用奥利奥饼干或巧克力作装饰。
※ 阿芙佳朵是将热的意式浓缩咖啡直接浇在香草冰激凌球上的一种甜品。

PART 12

以绿茶为基底的茶饮

各式各样的绿茶

东方人饮用绿茶历史悠久，各式拼配绿茶种类繁多。比起纯绿茶，现在的年轻人更喜欢添加了各种成分的调味绿茶，如中国的茉莉花茶、日本的玄米茶、土耳其等国以珠茶为基底做的薄荷茶等。这些绿茶从很久以前就有了冷泡的喝法，现在更是喝法多样，做成的茶饮也深受现代人喜爱。

碧潭飘雪

碧潭飘雪是产自峨眉山的高级茉莉花茶，本书中使用的是最高等级的碧潭飘雪茉莉花茶。下面就让我们通过各种茶饮来感受碧潭飘雪的独特香气吧。

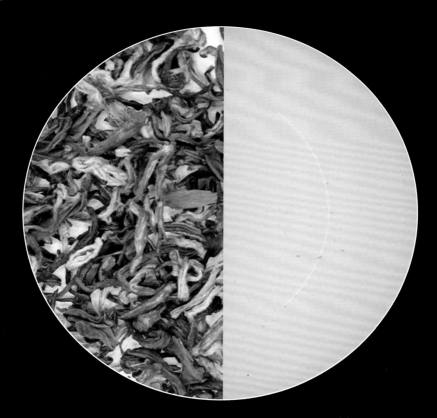

茉莉花人参苏打绿茶

　　高雅的碧潭飘雪冷泡茶与略微苦涩的人参切片和谐搭配出的一款冰绿茶。内含皂角苷和多酚，有助于恢复元气、调节免疫力。

 配方

材料
· 碧潭飘雪 3 克
· 人参切片 4 ~ 5 片
· 薄荷糖浆 10 毫升
· 苏打水 100 ~ 150 毫升
· 冰块 80 克
· 纯净水 200 毫升

提前准备
用碧潭飘雪和纯净水制作冷泡茶。

做法
1. 玻璃杯中倒入冰块、薄荷糖浆和 120 毫升冷泡茶。
2. 倒入苏打水。
3. 放入人参切片。
4. 可用薄荷叶作装饰。

197

基底：碧潭飘雪 ☑冰 ☐热

蓝色柠檬茉莉苏打水

 配方

材料

· 碧潭飘雪 2 克
· 柠檬气泡水 150 ~ 180 毫升
· 蓝橙皮酒糖浆 7 ~ 10 毫升
· 冰块 80 克
· 柠檬 1/2 个
· 纯净水 150 毫升

提前准备

1. 用碧潭飘雪和纯净水制作冷泡茶。
2. 用手动榨汁机将柠檬榨出汁。

做法

1. 玻璃杯中倒入冰块、蓝橙皮酒糖浆和 120 毫升冷泡茶。
2. 倒入柠檬气泡水。
3. 最后加入 15 ~ 20 毫升柠檬汁即可。
4. 可用柠檬、迷迭香作装饰。

茉莉蜜梨思慕雪

🍸 配方

材料

· 碧潭飘雪 5 克　· 梨 1/2 个　　· 梨（或香草）糖浆 10 毫升
· 梨汁 100 毫升　· 冰块 100 克　· 纯净水 300 毫升

提前准备

1. 用碧潭飘雪和纯净水制作冷泡茶。　2. 梨洗净、去皮、切片。

做法

1. 搅拌机中放入冰块、梨片、梨汁、梨糖浆和 120 毫升冷泡茶，搅打均匀。
2. 玻璃杯中倒入 100 ~ 150 毫升冷泡茶。
3. 将搅拌机中的混合液体倒入玻璃杯中即可。
4. 可用梨切成各种造型作装饰。

薄荷猕猴桃茉莉花茶

　　喝上一口薄荷猕猴桃茉莉花茶，碧潭飘雪浓郁的茉莉花香和新鲜薄荷的清新香气就会令齿颊留香，再来一口香软的猕猴桃，感觉真是棒极了。

配方

材料
· 碧潭飘雪 5 克　　　 · 猕猴桃 1 个
· 薄荷叶（留兰香、胡椒薄荷、苹果薄荷任选其一）2 ~ 3 克
· 香草糖浆 20 毫升　 · 冰块 80 克　 · 纯净水 200 毫升

提前准备
用碧潭飘雪和纯净水制作冷泡茶。

做法
1. 烧杯中放入猕猴桃果肉、薄荷叶和 20 毫升冷泡茶，用手持
搅拌棒打碎（能看到果肉的程度）。
2. 玻璃杯中倒入冰块、180 毫升冷泡茶和香草糖浆，用吧勺
搅拌均匀。
3. 将步骤 1 的混合液体缓缓倒在步骤 2 的液体上。
4. 可用猕猴桃或薄荷叶作装饰。

草莓日式焙茶

焙茶是以日本煎茶或番茶为原料高温烘烤而成，没想到它和草莓的搭配竟也非常出彩。试试这款用焙茶和草莓做的思慕雪吧，相信一定不会让你失望。

 配方

材料

· 绿茶（焙茶）6 克　· 冷冻草莓 50 克
· 草莓浓缩液（或草莓泥、糖渍草莓、草莓酱）50 克
· 香草糖浆 10 毫升　· 纯净水 300 毫升
· 冰块 190 克

提前准备

用焙茶茶叶（也可再增加 2 ~ 3 克）和纯净水制作冷泡茶。

做法

1. 玻璃杯中倒入 60 克冰块和 100 毫升冷泡茶。

2. 搅拌机中放入 130 克冰块、冷冻草莓、草莓浓缩液、香草糖浆和 30 毫升冷泡茶，搅打成冰沙。

3. 将冰沙倒入步骤 1 的杯中。

4. 可用黑加仑、树莓、酒渍樱桃和罗勒叶作装饰。

小专题

红茶姐姐小课堂

如何挽救久放的绿茶

存放时间较长的绿茶扔掉有些可惜，有没有方法可以挽救一下呢？

红茶姐姐有一个小妙招，就是把绿茶炒制一下，类似日本焙茶的制作原理。炒过的绿茶咖啡因含量比普通绿茶少一半以上，特别适合对咖啡因敏感的人群，且引起苦涩味道的儿茶素含量也会在炒制后大为减少，使得绿茶的味道更加清新淡雅，可谓事半功倍。下面具体介绍炒制久放绿茶的方法。

做法

1. 将平底锅在炉子上预热 1.5 ~ 2 分钟。
2. 关火，将茶叶平铺在平底锅里。
3. 不停晃动平底锅，确保茶叶受热均匀且不被烧煳。
4. 炒好后过滤掉茶叶中的杂质，放凉。
5. 如果发现还有绿色的茶叶，也可以再炒制一遍。

※ 绿茶（包括焙茶）最好用 80℃ 的热水冲泡。如水温超过 80℃，茶的涩味会加重。

桃子薄荷绿茶

桃子薄荷绿茶是在煎茶（一种日本绿茶）中添加桃子和薄荷制成的清爽夏日饮品，可以在品茶的同时品尝到桃子的甜美和薄荷的清香。

 配方

材料

- 绿茶（煎茶）3.5 克
- 留兰香茶 1.5 克
- 薄荷糖浆 10 毫升
- 桃子（或黄桃罐头）果肉
- 纯净水 300 毫升
- 冰块 80 克

提前准备

1. 称量好 3.5 克绿茶（煎茶）和 1.5 克留兰香茶，将二者混合。
2. 用共计 5 克的绿茶和留兰香茶与纯净水制作冷泡茶。
※ 如时间不充裕，也可用 280 毫升 80℃ 的热水冲泡绿茶和留兰香，3 分钟后加入冰块降温。

做法

1. 玻璃杯中倒入冰块和薄荷糖浆。
2. 倒入 200 ～ 250 毫升冷泡茶。
3. 将桃子或黄桃罐头切块后放入饮品中。
4. 可用薄荷叶作装饰。

桃子绿茶柠檬汽水

茶叶嫩芽与桃汁、柠檬汁的完美搭配，口感丰富，香气四溢。

配方

材料

- 拼配绿茶 4 克：细雀茶（河东绿茶）1.5 克 + 柠檬香桃 0.6 克 + 柠檬草 0.6 克 + 南非博士茶 0.4 克 + 桃子干 0.4 克 + 苹果干 0.4 克 + 金盏花 0.1 克 + 茶叶专用精油（杏味、桃子味）
- 桃子浓缩液 20 ~ 30 毫升
- 桃子碳酸饮料 100 ~ 150 毫升
- 柠檬 1/2 个
- 纯净水 170 毫升
- 冰块 80 克

提前准备

1. 用拼配绿茶和纯净水制作冷泡茶。
2. 柠檬挤出柠檬汁备用。

※ 如时间不充裕，也可用 150 毫升 80℃ 热水将拼配绿茶冲泡开，3 分钟后再放入冰块降温。

※ 自制拼配茶叶时，需要等茶叶专用精油的香气稳定后，再进行冷泡或迅速降温的操作。

做法

1. 玻璃杯中倒入冰块、25 ~ 30 毫升鲜榨柠檬汁和桃子浓缩液。
2. 倒入 100 ~ 150 毫升冷泡茶和桃子碳酸饮料。
3. 可用桃子、酒渍樱桃和香草作装饰。

香草苹果绿茶

　　绿茶和苹果本是绝佳搭配，再加上甜甜的香草糖浆，可谓锦上添花。绿茶的清爽与香草和苹果的甜香，都在这杯香草苹果绿茶里了。

 配方

材料

· 绿茶 8 克
· 苹果糖浆 10 毫升
· 香草糖浆 10 毫升
· 冰块 80 克
· 纯净水 300 毫升

提前准备

用绿茶和纯净水制作冷泡茶。

※ 如时间不充裕，可用 280 毫升 80℃ 的
　 热水先将茶叶泡开，3 分钟后再放入冰
　 块降温。

做法

1. 玻璃杯中倒入冰块、香草糖浆和苹果
　 糖浆。
2. 倒入 250 毫升冷泡茶。
3. 可用苹果切成各种造型作装饰。

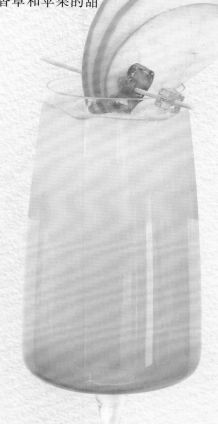

柠檬生姜绿茶

　　绿茶与柠檬、姜的美好"邂逅"。茶汤中富含维生素C，还有抗菌的功效，让我们一起在冬天喝杯绿茶来预防感冒吧。

 配方

材料
· 绿茶 5 克
· 柠檬生姜糖浆 10 ~ 20 毫升
· 糖渍柠檬 30 克
· 冰块 80 克
· 纯净水 300 毫升

提前准备
用绿茶和纯净水制作冷泡茶。
※ 如时间不充裕，可用 250 毫升
　 80℃ 的热水先将茶叶冲泡开，
　 3 分钟后再放入冰块降温。

做法
1. 玻璃杯中倒入冰块、糖渍柠檬
　 和柠檬生姜糖浆。
2. 再倒入 250 毫升冷泡茶。
3. 可用柠檬作装饰。

绿茶莫吉托

 配方

材料

· 绿茶（宝城细雀）5 克　· 薄荷叶 3 克　· 青柠 1/2 个
· 雪碧　　　　　　　　· 冰块 60 克　· 纯净水 150 毫升

提前准备

1. 用绿茶和纯净水制作冷泡茶。　2. 青柠去蒂，切成片。

做法

1. 玻璃杯中放入切好的青柠和薄荷叶，
   用搅拌棒轻轻捣几下。
2. 加入冰块和 80 毫升冷泡绿茶。
3. 最后加入雪碧。

基底：绿茶 ☑冰 □热

绿茶柠檬汽水

济州岛的细雀绿茶与酸甜的柠檬搭配出的一道夏日绿茶饮品。

 配方

材料

·绿茶（济州岛细雀）5 克　·柠檬 1 个　·汽水 200 毫升　·冰块　·纯净水 200 毫升

提前准备

1. 用绿茶和纯净水制作冷泡茶。
2. 柠檬榨汁（20 ~ 30 毫升）备用。

做法

1. 玻璃杯中放入冰块和榨好的柠檬汁。
2. 倒入 120 毫升冷泡茶。
3. 最后倒入汽水。可用柠檬和迷迭香装饰。

桃子绿茶苏打水

嫩嫩的绿茶与软软的桃子完美组合而成的夏日饮品，味道好极了。

🍸 配方

材料

· 绿茶（或拼配绿茶）6 克
· 桃子糖浆 20 毫升
· 冰块 80 克
· 汽水（桃子味）50 毫升
· 柠檬 1/2 个
· 纯净水 150 毫升

提前准备

1. 用绿茶和纯净水制作冷泡茶（冰箱冷藏 10 ～ 15 小时）。
2. 柠檬榨汁（20 ～ 30 毫升）备用。

做法

1. 玻璃杯中倒入冰块和桃子糖浆。
2. 倒入桃子味汽水。
3. 最后倒入 100 ～ 150 毫升冷泡茶和鲜榨柠檬汁。
4. 可用桃子和酒渍樱桃作装饰。

薄荷黄瓜绿茶

　　薄荷黄瓜绿茶是用日本煎茶搭配清脆的黄瓜、清甜的青提饮料和清新的薄荷糖浆制成的清凉茶饮。

配方

材料
- 绿茶（煎茶）4 克
- 薄荷糖浆 10 毫升
- 碳酸饮料（青提味）130 ～ 150 毫升
- 黄瓜 1 根
- 冰块
- 纯净水 150 毫升

提前准备
1. 用绿茶（煎茶）和纯净水制作冷泡茶（冰箱冷藏 10 小时）。
2. 用削皮刀将黄瓜刮成片。
※ 如时间不充裕，也可用 150 毫升 80℃ 的热水先将绿茶冲泡开，3 分钟后再放入冰块降温。

做法
1. 将黄瓜旋转贴在高球杯的内壁上。
2. 调酒器中倒入冰块、薄荷糖浆和 100 ～ 130 毫升冷泡茶，摇匀。
3. 高球杯中放入冰块，再倒入步骤 2 的混合液体。
4. 最后倒入碳酸饮料。
5. 可用薄荷叶等香草作装饰。

草莓抹茶酸奶雪泥

　　草莓鲜艳的红、抹茶清新的绿还有酸奶的纯白，都在这杯雪泥中得以呈现。不但颜色好看，口感也非常丰富，值得推荐。

 配方

材料

- 抹茶（100%）2 ～ 3 克
- 草莓浓缩液（或草莓酱）30 毫升
- 希腊酸奶 30 克
- 炼乳 40 克
- 冰块 80 克
- 80℃ 热水 50 毫升

提前准备

1. 搅拌机中放入希腊酸奶、炼乳和冰块，搅打呈雪泥。
2. 茶碗中倒入抹茶，冲入 50 毫升 80℃ 的热水后用茶筅搅动，使其产生沫饽。

做法

1. 玻璃杯中倒入草莓浓缩液（或草莓酱）。
2. 倒入刚刚搅打好的酸奶雪泥。
3. 借助勺子背面将抹茶缓缓倒在雪泥上。
4. 可用草莓和香草作装饰。

211

春日花园茉莉饮

　　春日花园茉莉饮带有热带水果和草本茶的独特风味，给人一种春日气息扑面而来的感觉，是一款像鸡尾酒一样有着漂亮渐变色的特饮。

 配方

材料

- ·碧潭飘雪 3 克
- ·紫罗兰茶 1 克
- ·蓝橙皮酒糖浆 极少量
- ·椰子冻 20 克
- ·纯净水 250 毫升
- ·冰块 80 克
- ·无色透明热带水果风味糖浆（或椰子糖浆）
- ·百里香 1 ~ 2 根
- ·40℃ 温水 100 毫升

提前准备

1. 用碧潭飘雪和纯净水制作冷泡茶。
2. 用 100 毫升 40℃ 的温水冲泡紫罗兰茶，6 ~ 8 秒后迅速将紫罗兰茶叶与水分开。
3. 烧杯中倒入 100 毫升紫罗兰茶和三四滴蓝橙皮酒糖浆，搅拌均匀（此时液体变成淡紫色）。
※ 如时间不充裕，用 250 毫升 80℃ 热水冲泡碧潭飘雪 3 分钟即可。

提前准备 2

提前准备 3

做法

1. 玻璃杯中倒入冰块、椰子冻、热带水果风味糖浆和 250 毫升冷泡茶。
2. 利用勺子背面将 30 ~ 40 毫升紫罗兰茶缓缓倒入玻璃杯中。
3. 最后再放百里香装饰。

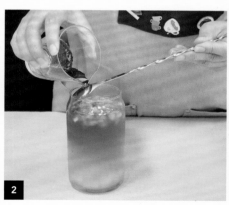

酸奶草莓抹茶星冰乐

　　春天的时令水果草莓与初春采摘的茶叶嫩芽做成的抹茶"相遇"在这杯星冰乐中，抹茶的微涩和草莓的清甜互补，再加上甜甜的香草味道，是给人带来满满幸福感的春日饮品。

 配方

材料

- 抹茶（100%）1~2 克
- 草莓浓缩液（或草莓酱）40 毫升
- 冷冻草莓（或新鲜草莓）80~100 克
- 香草糖浆 40 毫升
- 60℃ 温水 70 毫升
- 希腊酸奶（或酸奶粉）20 克
- 冰块 160~210 克
- 打发奶油（可选）

提前准备

1. 制作草莓酸奶雪泥：
   搅拌机中加入冷冻草莓、草莓浓缩液、希腊酸奶、20 毫升香草糖浆和 60 克冰块，搅打成雪泥。

2. 制作抹茶雪泥：
   搅拌机中加入抹茶、60℃ 温水、100~150 克冰块和 20 毫升香草糖浆，搅打成雪泥。

做法

1. 玻璃杯中倒入 120 克抹茶雪泥。
2. 再倒入 200 克草莓酸奶雪泥，制造分层效果。
3. 挤上一圈打发奶油，最后可用筛子筛一些抹茶在奶油上。
4. 可用抹茶巧克力作装饰。

济州抹茶拿铁

　　济州抹茶拿铁是用浓郁清雅的抹茶制作的一款热拿铁，入口温润，香气十足。

 配方

材料

- 济州岛有机抹茶（100%）2 克　　· 热牛奶 180 毫升　　· 香草糖浆 30 毫升
- 抹茶糖浆 30 毫升　　　　　　　· 80℃ 热水 50 毫升

做法 1

1. 烧杯中放入抹茶和 50 毫升 80℃ 热水，搅动茶水（可使用迷你电动搅拌棒）至产生沫饽。
2. 在预热好的茶杯内倒入热牛奶和香草糖浆，搅拌均匀。
3. 将搅打好的抹茶倒入茶杯中。可撒少许抹茶装饰。

做法 2

1. 准备好抹茶糖浆。
2. 在预热好的茶杯内倒入热牛奶和香草糖浆，搅拌均匀。
3. 再倒入抹茶糖浆。可撒少许抹茶装饰。

济州抹茶奶油星冰乐

济州抹茶的青涩与奶油的甜香巧妙组合，是一款可以品尝到抹茶清新醇香的夏日饮品。

 配方

材料

· 济州岛有机抹茶（100%）2 克
· 凉牛奶 200 毫升
· 80℃ 热水 50 毫升
· 香草糖浆 30 毫升
· 炼乳 10 毫升
· 冰块 100 克
· 抹茶糖浆 40 毫升
· 打发奶油

做法 1

1. 烧杯中放入抹茶和 80℃ 热水，搅动茶水（可使用迷你电动搅拌棒）至产生沫饽。
2. 搅拌机中放入冰块、凉牛奶、香草糖浆、炼乳和搅打好的抹茶，搅打成雪泥。
3. 将抹茶雪泥倒入玻璃杯中，上面挤上打发奶油。可撒少许抹茶装饰。

做法 2

1. 准备好抹茶糖浆。
2. 搅拌机中倒入冰块、150 ~ 170 毫升凉牛奶，香草糖浆、抹茶糖浆，搅打成雪泥。
3. 将抹茶雪泥倒入玻璃杯中，上面挤上打发奶油。可撒少许抹茶装饰。

抹茶糖浆的做法

　　济州岛的抹茶最大程度地保留了抹茶原本的风味，是最优秀的抹茶之一。下面介绍用济州岛有机抹茶制作糖浆的方法，非常简单，一学就会。

🍸 配方

材料

·济州岛有机抹茶（100%）30 克　　·白糖（或非精制糖）150 克　　·60℃ 温水 150 毫升

提前准备

1. 茶碗。
2. 茶筅或迷你电动搅拌棒。
3. 玻璃瓶（盛放糖浆的容器）。

做法

1. 将抹茶倒入茶碗（也可用汤碗代替）中。
2. 加入白糖（可根据个人喜好增减用量）。
3. 倒入 60℃ 的温水。
4. 用茶筅将抹茶充分搅拌均匀（勿产生沫饽）。
5. 搅拌至白糖完全化开，液体略微浓稠。
6. 倒入玻璃瓶，放进冰箱冷藏一天后即可使用。

用济州岛有机抹茶制作的
抹茶糖浆

218

济州抹茶冰拿铁

　　济州抹茶冰拿铁所用的有机抹茶是用济州岛种植的绿茶制成，这种绿茶需在嫩芽期经遮光处理，嫩芽采摘后要在阴凉处晾干，再经过细致研磨等多种严格工艺，才形成最终饮用的抹茶。

 配方

材料
·抹茶糖浆 20 ~ 30 毫升 　·凉牛奶 250 毫升 　·香草糖浆 10 毫升 　·冰块 80 克

提前准备
制作抹茶糖浆（参考第 217 页）。

做法
1. 玻璃杯中倒入冰块、凉牛奶和香草糖浆，搅拌均匀。
2. 最后倒入抹茶糖浆即可。

抹茶柠檬水

　　抹茶糖浆搭配酸甜的柠檬，既能让人品尝出抹茶的清新香气，也能感受到柠檬的清凉酸爽，是非常值得推荐的夏日饮品。

🍸 配方

材料
· 抹茶糖浆 10 ～ 15 毫升
· 柠檬 1/2 个
· 苏打水 200 毫升
· 冰块 100 克

提前准备
制作抹茶糖浆。

做法
1. 玻璃杯中倒入冰块和抹茶糖浆。
2. 利用吧勺背面将苏打水缓缓倒入杯中。
3. 最后倒入用柠檬榨出的柠檬汁。
4. 可用柠檬和青柠作装饰。

奶油苏打抹茶

 配方

材料
· 抹茶糖浆 10 毫升　· 雪碧 250 毫升　· 香草冰激凌　· 冰块 150 ～ 170 克

提前准备
制作抹茶糖浆。

做法
1. 玻璃杯中倒入冰块和抹茶糖浆。
2. 利用吧勺背面将雪碧倒入杯中。
3. 挖一个香草冰激凌球放在最上面。
4. 可用酒渍樱桃作装饰。

雪花抹茶酸奶树

这道饮品的灵感来自被雪覆盖的圣诞树，是抹茶与奶油的完美搭配。

 配方

材料
· 抹茶糖浆 30 ～ 40 毫升　· 酸奶粉 40 克　· 凉牛奶 150 毫升
· 香草糖浆 30 毫升　　　· 冰块 150 克　· 打发奶油

提前准备
制作抹茶糖浆。

做法
1. 搅拌机中倒入冰块、凉牛奶、酸奶粉和香草糖浆，搅打均匀。
2. 玻璃杯中倒入抹茶糖浆。
3. 倒入搅拌机中的混合酸奶，最后挤上一圈打发奶油。
4. 可用彩色的巧克力豆或淀粉糖珠作装饰。

抹茶拿铁

　　能品尝到浓郁抹茶香气的抹茶拿铁。只用抹茶糖浆和牛奶就可以轻松制作出来。

 配方

材料
· 抹茶糖浆 30 毫升　　· 热牛奶 100 ~ 150 毫升

提前准备
制作抹茶糖浆。

做法
1. 在预热好的茶杯中倒入抹茶糖浆。
2. 再倒入热牛奶（或蒸汽牛奶）。
3. 可通过彩绘拉花或撒一层抹茶来装饰。

经遮光处理的茶树嫩叶制作的抹茶，绿茶的茶香尤为浓郁。用抹茶糖浆和牛奶再做一份冰拿铁吧。

 配方

材料

·抹茶糖浆 30 ~ 40 毫升　·凉牛奶 220 ~ 250 毫升　·冰块

提前准备

制作抹茶糖浆。

做法

1. 玻璃杯中倒入冰块和凉牛奶（也可用豆乳代替）。
2. 倒入抹茶糖浆（也可挤上一圈打发奶油）。

抹茶冰咖啡

　　抹茶特有的微涩口感伴随意式浓缩咖啡的浓郁香味，带来富有层次感的醇香。

 配方

材料
- 抹茶糖浆 15 毫升　　· 热意式浓缩咖啡 30 毫升
- 凉牛奶 100 毫升　　· 冰块 30 克
- 香草糖浆 10 毫升（可选）

提前准备
制作抹茶糖浆。

做法
1. 玻璃杯中倒入冰块和抹茶糖浆。
2. 倒入凉牛奶和热意式浓缩咖啡。
3. 想增加甜度可倒入香草糖浆。

抹茶维也纳咖啡

维也纳咖啡是指美式咖啡上增添一层淡奶油的咖啡饮品。这里用抹茶糖浆代替咖啡，再加上抹茶味奶油，来打造一杯风味独特的抹茶维也纳咖啡。

🍸 配方

材料
· 抹茶糖浆 30 毫升　　· 抹茶 3 克　　· 凉牛奶 100 毫升
· 鲜奶油 100 毫升　　· 炼乳 50 毫升　　· 冰块 4 ~ 5 块

提前准备
1. 制作抹茶糖浆。
2. 制作抹茶奶油：
　 搅拌机中倒入鲜奶油、炼乳和 2 克抹茶，搅打均匀。

做法
1. 玻璃杯中倒入抹茶糖浆。
2. 倒入冰块和凉牛奶（倒牛奶时最好借助吧勺背面慢慢倒进去，制造出分层效果）。
3. 用勺子将抹茶奶油加到牛奶上面。
4. 最后均匀撒一层抹茶装饰。

抹茶冰沙

抹茶搭配巧克力，苦与甜的微妙组合，入口即化，是一款甜品饮料。

🍸 配方

材料
· 抹茶糖浆 60 ~ 70 毫升　　· 牛奶 200 毫升　· 冰块 150 克　· 炼乳 50 毫升
· 抹茶奶油（或香草冰激凌）　· 巧克力糖浆

提前准备
1. 制作抹茶糖浆。　2. 准备抹茶奶油（参考第 226 页）或香草冰激凌。

做法
1. 搅拌机中倒入冰块、牛奶、炼乳、抹茶糖浆，搅打成冰沙。
2. 将冰沙倒入玻璃杯至八分满。
3. 用抹茶奶油或香草冰激凌填满玻璃杯剩余部分。
4. 可用巧克力糖浆、抹茶和薄荷叶搭配作为装饰。

227

抹茶阿芙佳朵

抹茶糖浆和冰激凌的"浪漫约会"。闻起来是满满的新鲜绿茶清香，看上去甜蜜诱人，是一款充满幸福感的甜品。

 配方

材料
- 抹茶糖浆
- 香草冰激凌 3 球
- 抹茶 1 克

提前准备
制作抹茶糖浆。

做法
1. 玻璃杯中放入香草冰激凌。
2. 在冰激凌上淋抹茶糖浆，用量可以多一些。
3. 在抹茶糖浆上撒一层抹茶。
4. 可用巧克力饼干或奥利奥饼干作装饰。

龙井薄荷朱莉普

　　用最高级的绿茶——明前龙井搭配抹茶和薄荷糖浆制成的绿茶饮品，除茶香外还能闻到优雅的兰花香气。明前龙井是每年清明节前按照"一芽一叶"的标准采摘下的茶树新叶制作的绿茶，香气怡人。

配方

材料

· 抹茶糖浆 5 毫升
· 明前龙井 1.5 克
· 薄荷糖浆 5 毫升
· 青提气泡水 120 毫升
· 冰块 55 克
· 纯净水 150 毫升

提前准备

1. 制作抹茶糖浆。
2. 用明前龙井和纯净水制作冷泡茶（冰箱冷藏 10 小时）。
※ 如果时间不充裕，可用 100 毫升 80℃的热水冲泡明前龙井，3 分钟后再用冰块降温。

做法

1. 玻璃杯中倒入抹茶糖浆和冰块。
2. 倒入少许明前龙井茶叶（材料外）、100 毫升冷泡茶、薄荷糖浆和青提气泡水。可用薄荷叶装饰。
※ 朱莉普：原意为"药水""糖浆"，在饮料中指"在威士忌中加入糖和薄荷等制成的清凉饮料"。

红豆抹茶酸奶

用弹弹的绿茶冻和香甜的红豆沙制成的一款甜品。

 配方

材料

- 抹茶 3 ～ 4 克　・牛奶 100 毫升　・盐 1 小撮
- 60 ～ 80℃ 热水 60 ～ 70 毫升
- 酸奶粉 20 克　・香草糖浆 15 毫升
- 冰块 70 克　・抹茶冻
- 红豆 300 克　・白糖 150 克

提前准备

1. 准备抹茶：
   （1）用茶匙将抹茶倒入预热好的茶碗中。
   （2）倒入 60 ～ 80℃ 的热水，用茶筅搅动至产生沫饽。

2. 制作酸奶冰沙：
   搅拌机中倒入冰块、酸奶粉、牛奶和香草糖浆，搅打成冰沙。

3. 制作红豆沙：
   （1）300 克红豆提前泡水 6 小时。
   （2）将泡好的红豆加水煮开后捞出，过一遍凉水（去除豆腥味）。
   （3）将煮过的红豆和两三倍的水倒入电压力锅做熟。
   （4）红豆中放入白糖和盐，用手动搅拌棒打碎。

4. 准备抹茶冻（参考第 54 页）。

做法

1. 玻璃杯中倒入酸奶冰沙。
2. 冰沙上加入 2 勺红豆沙。
3. 倒入产生沫饽的抹茶。
4. 最后放上抹茶冻。

PART 13
以青茶（乌龙茶）为基底的茶饮

各式各样的青茶（乌龙茶）

青茶属于半发酵茶，一般称其为乌龙茶。乌龙茶按发酵程度分为两种，一种发酵程度较高，接近红茶，为重度发酵茶；另一种发酵程度较低，接近绿茶，为轻度发酵茶。

用铁观音茶树的茶叶制成的铁观音茶香气浓郁，属于典型的重度发酵乌龙茶，香气馥郁悠长。福建是铁观音的主要产地。中国台湾的冻顶乌龙比铁观音的发酵程度低，属于轻度发酵乌龙茶，花香和水果香明显。本书将介绍几款以铁观音为基底的茶饮制作方法。

铁观音

产自福建的铁观音是最具代表性的乌龙茶，主要特征是带有类似黄油焦糖的甜香和淡淡的花香。

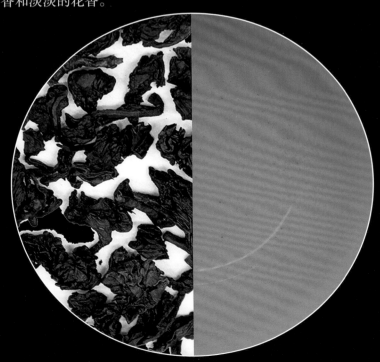

乌龙西瓜雪花饮

在铁观音中加入雪花般的西瓜果肉，就是一杯完美的夏日水果茶。不想试试吗？

 配方

材料

·铁观音 15 克　　·冷冻西瓜果肉　　·纯净水 200 毫升　　·冰块 100 克

提前准备

1. 用铁观音和纯净水制作冷泡茶。
2. 制作西瓜雪花：
   用刮皮刀将冷冻的西瓜果肉刮成雪花状（做成类似冰沙的效果更佳）。

做法

1. 玻璃杯中倒入冰块和 110 毫升冷泡茶。
2. 将西瓜果肉放于杯中，堆成小山状。

草莓棒棒糖

　　将烘烤后拥有类似谷物味道的铁观音，与草莓奶昔巧妙搭配制成的夏日饮品。

 配方

材料

- 铁观音 15 克
- 纯净水 300 毫升
- 草莓浓缩液 30 毫升
- 冷冻草莓 50 克
- 香草糖浆 20 毫升
- 冰块 130 克

提前准备

用铁观音和纯净水制作冷泡茶（冰箱冷藏 10 ～ 15 小时）。

做法

1. 搅拌机中加入冰块、冷冻草莓、草莓浓缩液、香草糖浆和 80 毫升冷泡茶，搅打成冰沙。
2. 玻璃杯中倒入 150 毫升冷泡茶。
3. 将搅拌机中的草莓冰沙倒在冷泡茶上。
4. 可用棉花糖和糖果作装饰。

百香果蜜桃乌龙果汁

夏天的代表水果——桃子和百香果与铁观音的曼妙组合。热带水果百香果的黑色种子散落在杯中，尤显与众不同。

🍸 配方

材料
- 铁观音 10 克
- 纯净水 200 毫升
- 桃子浓缩液 20 毫升
- 糖渍百香果 30 克
- 冰块
- 苏打水（或桃子味汽水）150 毫升

提前准备
用铁观音和 200 毫升纯净水制作冷泡茶。

※ 如时间不充裕，可用 200 毫升 95℃ 的热水将铁观音冲泡开，3 分钟后再用冰块降温。

做法
1. 玻璃杯中倒入冰块、糖渍百香果和桃子浓缩液。
2. 再倒入 170 毫升冷泡茶和苏打水。可用桃子和迷迭香装饰。

PART 14
以黑茶（普洱茶）为基底的茶饮

黑茶（普洱茶）

　　黑茶主要指普洱茶，它与根据发酵程度进行分类的绿茶、红茶、青茶（乌龙茶）不同，是通过微生物进行后发酵，或通过人为手段进行发酵而制成的茶。普洱茶富含矿物质，有益健康，香气醇厚。用它与红茶搭配制作奶茶，会是什么味道呢？本书将介绍用普洱茶和浓缩红茶粉制作茶饮的独特方法。

普洱茶

　　书中的普洱茶产品使用的是云南高级有机普洱茶，滋味醇厚柔和，回甘明显，泡的时间越长香气越浓郁。

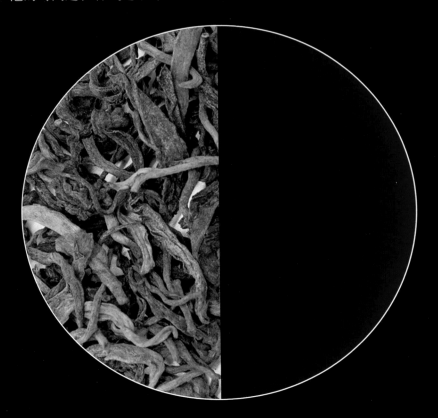

普洱红茶奶茶

🍸 配方

材料

- 普洱茶 5 克
- 木薯粉珍珠 40 ~ 50 克
- 浓缩红茶粉 25 ~ 30 克
- 95℃ 热水 100 毫升
- 奶酪奶盖
- 冰块 80 克
- 凉牛奶 170 ~ 200 毫升
- 谷物脆

提前准备

1. 在预热好的茶壶中倒入普洱茶和 95℃ 的热水，泡 5 分钟。
2. 5 分钟后用过滤网将茶叶滤出（保留约 70 毫升茶汤）。
3. 制作奶酪奶盖（参考第 51 页）。

做法 1

1. 烧杯中倒入 50 ~ 70 毫升泡好的普洱茶和浓缩红茶粉，用手动搅拌器搅拌均匀。
2. 加入凉牛奶，再次搅拌均匀。
3. 在杯中先放入木薯粉珍珠和冰块，再倒入搅拌好的奶茶。
4. 奶茶上方倒入奶酪奶盖，撒上谷物脆。

做法 2

1. 烧杯中倒入 30 毫升泡好的普洱茶和浓缩红茶粉，搅拌均匀至茶粉完全化开。
2. 倒入 190 毫升凉牛奶，搅拌均匀。
3. 可将做好的奶茶倒入玻璃瓶，放入冰箱冷藏 15 小时使其充分稳定后再使用。

241

PART 15
茶调鸡尾酒

茶饮之花——茶调鸡尾酒

　　茶调鸡尾酒是将茶与各种酒类经过巧妙搭配，不论在视觉还是味觉上都带来全新体验的一种饮品。茶调鸡尾酒现在常见于酒店、餐厅、酒吧或咖啡厅等各类餐饮场所，受到越来越多人的喜爱。茶调鸡尾酒中还包含一种不含酒精的"无酒精鸡尾茶"。不过，在茶调鸡尾酒中再加入茶的做法很少见。本书将对被称为"茶饮之花"的茶调鸡尾酒（包括无酒精鸡尾茶）进行详细介绍。

粉色贵妃荔枝鸡尾酒

　　酸甜口味的洛神花糖浆，与富含热带水果香气的荔枝曼妙组合；是一款让人联想起浪漫时光的茶调鸡尾酒。

 配方

材料

· 洛神花糖浆 10 毫升　· 贵妃荔枝利口酒 30 毫升　· 荔枝果汁 70 毫升
· 彩色碎冰糖适量　· 冰块 60 克

提前准备

1. 制作洛神花糖浆（参考第 122 页）。
2. 马天尼酒杯杯口用洛神花糖浆润湿，再放到彩色碎冰糖里滚上一圈装饰。

做法

1. 摇酒器中倒入冰块、洛神花糖浆、贵妃荔枝利口酒和荔枝果汁，摇晃均匀（10 ~ 15 秒）。
2. 将混合液体倒入马天尼酒杯中。
3. 可用长柄吧勺作装饰。

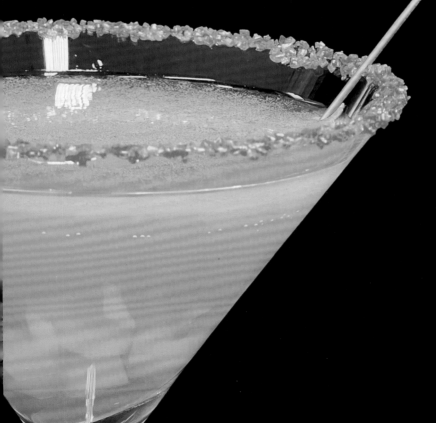

甜蜜乌龙香橙威士忌

有酸甜爽口的橙子和带有焦糖香味的乌龙茶，再用威士忌利索地"收尾"。请期待乌龙茶的帅气变身！

 配方

材料

- 乌龙茶 6 克
- 威士忌 30 毫升
- 君度甜酒 10 毫升
- 烤板栗糖浆 10 毫升
- 姜汁汽水 120 毫升
- 纯净水 100 毫升
- 冰块

提前准备

1. 用乌龙茶和纯净水制作冷泡茶。
※ 也可在 100 毫升威士忌中直接放入乌龙茶，室温放置 10 ~ 15 小时。
2. 冷泡结束后将茶叶滤出。

做法

1. 摇酒器中倒入烤板栗糖浆、君度甜酒、50 毫升冷泡茶、威士忌和冰块，充分摇匀。
2. 玻璃杯中倒入步骤 1 的混合液体，再利用吧勺背面小心倒入姜汁汽水。
3. 可用橙皮作装饰（用橙皮轻轻摩擦玻璃杯杯口，会散发出好闻的橙香）。
※ 可与用金橘制作的蜜饯一起享用。

提前准备 1

1

2-1

2-2

搭配

龙舌兰日出洛神花

深红的洛神花与明黄的橙汁打造出颜色梦幻的墨西哥饮品。快来用这杯龙舌兰日出洛神花收获一份好心情吧!

 配方

材料

· 洛神花糖浆 25 ~ 30 毫升
· 龙舌兰酒 30 毫升
· 橙汁 200 毫升

提前准备

制作洛神花糖浆。

做法

1. 在高球杯或高脚玻璃杯中倒入龙舌兰酒。
2. 继续倒入橙汁至八分满,用吧勺搅拌均匀。
3. 借助吧勺背面将洛神花糖浆缓缓倒入杯中。
4. 可用橙子、薄荷叶和酒渍樱桃作装饰。

蜂蜜生姜洋甘菊威士忌

　　有一定消炎作用的健康茶调鸡尾酒。微辣的姜、甜甜的蜂蜜、酸甜的柠檬的"梦幻"组合，是作者的独创秘方。

 配方

材料

· "平和心灵" 5 克（或茶包 2 个）　· 柠檬生姜蜂蜜糖浆 20 毫升　· 姜 3.5 克
· 柠檬 1/2 个（可适当增加用量）　· 波旁威士忌或其他威士忌 30 毫升
· 冰块 80 克　· 纯净水 150 毫升

提前准备

1. 用"平和心灵"、姜和纯净水制作冷泡茶。
2. 用手动榨汁机榨出柠檬汁。
※ 如时间不充裕，可用 140 毫升 95℃ 的热水冲泡茶叶和姜，5 分钟之后再用冰块降温。

做法

1. 摇酒器中倒入冰块、柠檬生姜蜂蜜糖浆和 10 毫升柠檬汁。
2. 倒入波旁威士忌和 150 毫升冷泡茶，摇晃均匀（10～15 秒）。
3. 可用橙子干或橙皮作装饰（用橙皮摩擦玻璃杯杯口，会散发出淡淡的橙香）。

茉莉花糖浆的做法

　　茉莉花茶中最高品质的碧潭飘雪是充分吸收了茉莉花淡雅清香的绿茶茶叶。就让我们沉醉在高品质的碧潭飘雪那甘香清爽的香气中吧！

 配方

材料
- 碧潭飘雪 30 克
- 白糖 80 克
- 80℃ 热水 300 毫升

提前准备
1. 称量出 30 克碧潭飘雪，放入茶壶中。
2. 用 80℃ 的热水冲泡茶叶，等待 5 分钟。
3. 5 分钟后用过滤网将茶汤滤出。

做法
1. 锅中放入茶汤，加入白糖，开小火熬制。
2. 熬制约 10 分钟。为避免白糖产生结晶，切勿搅拌。
3. 10 分钟后白糖全部化开时关火，糖浆充分放凉后倒入玻璃容器中，放入冰箱冷藏一天即可使用。

茉莉香槟

可同时品尝到花香浓郁的最高等级茉莉花茶——碧潭飘雪与清爽香槟的一款饮品。

 配方

材料

- 碧潭飘雪 2 克
- 香槟 120 毫升
- 茉莉花糖浆 10 毫升
- 纯净水 100 毫升
- 冰块

提前准备

用碧潭飘雪和纯净水制作冷泡茶（冷藏 10 ～ 15 小时）。

※ 如时间不充裕，可用 90 毫升 80℃ 的热水冲泡茶叶 3 分钟，之后再用冰块降温。

做法

1. 摇酒器中倒入冰块、茉莉花糖浆和 100 毫升冷泡茶，摇晃 10 分钟。
2. 在玻璃杯中倒入步骤 1 的混合液体和香槟。
3. 可用百里香和青柠作装饰。

玫红茉莉

　　用洛神花果汁冰棍和茉莉花冷泡茶独创的无酒精鸡尾茶。能欣赏和品尝到洛神花果汁冰棍在绿茶中化开时发生的色、香、味的各种变化。

 配方

材料

- 碧潭飘雪 3 克
- 雪碧 250 毫升
- 纯净水 100 毫升
- 洛神花糖浆 1 ~ 2 毫升
- 玫瑰糖浆 10 毫升

提前准备

1. 将碧潭飘雪和雪碧混合制作冷泡茶，放入冰箱冷藏 10 ~ 15 小时。
2. 烧杯中倒入洛神花糖浆、玫瑰糖浆和纯净水，充分搅拌均匀，然后倒入冰棍模具，放进冰箱冷冻。

做法

1. 香槟杯中倒入 250 毫升碧潭飘雪冷泡茶。
2. 将洛神花果汁冰棍放入杯中。
3. 可用鼠尾草等香草作装饰。

绿色玛格丽塔

在香气淡雅的绿茶中添加清爽的留兰香茶和龙舌兰酒制作的一款茶调鸡尾酒。嫩绿的颜色看上去分外清新。

 配方

材料

- 绿茶（细雀）2 克
- 留兰香茶 2 克
- 抹茶糖浆 2 ~ 3 毫升（可选）
- 培恩银樽龙舌兰酒 20 毫升
- 君度甜酒 15 毫升
- 薄荷糖浆 5 毫升
- 青柠果汁 20 毫升
- 柠檬 1/2 个
- 盐少许
- 冰块 80 克
- 纯净水 150 毫升

提前准备

1. 用绿茶、留兰香茶和纯净水制作冷泡茶。
2. 制作抹茶糖浆（参考第 217 页）。
3. 切一小块柠檬，将玻璃杯杯口润湿。
4. 杯口在盐里滚一圈，打造雪霜效果。

做法

1. 摇酒器中倒入冰块、龙舌兰酒、君度甜酒、青柠果汁和薄荷糖浆。
2. 再倒入 70 毫升冷泡绿茶和抹茶糖浆，摇匀（约 20 秒）。
3. 将混合液体倒入玻璃杯中。
4. 可用青柠或柠檬、薄荷叶等作装饰。
※ 培恩银樽：从最高级的蓝色龙舌兰草中提取出的极少量汁液制成的白色龙舌兰酒，是制作鸡尾酒的常用原料，带有柑橘果香。

提前准备 4

1

2

3

茉莉金菲士

　　闻着碧潭飘雪的高雅香气，品着茉莉花和杜松子酒的诱人芬芳，听着苏打水的嘶嘶气泡声，这是一款带来全方位感官体验的饮品。

 配方

材料

- 茉莉花茶（碧潭飘雪）3 克
- 温水 20 毫升
- 冰块
- 蜂蜜 30 毫升
- 纯净水 150 毫升
- 杜松子酒 50 毫升
- 柠檬果汁 30 毫升
- 蛋清 15 毫升
- 苏打水 100 毫升

提前准备

1. 用碧潭飘雪和纯净水制作冷泡茶（冰箱冷藏 10 ～ 15 小时）。
2. 烧杯中倒入温水和蜂蜜，搅拌均匀。

做法

1. 摇酒器中倒入蜂蜜水、柠檬果汁和蛋清，摇 1 分钟。
2. 加入冰块继续摇动，直到感觉摇酒器杯壁慢慢变凉。
3. 在玻璃杯中倒入 100 毫升冷泡茶、杜松子酒和苏打水。
4. 小心地将蛋清泡沫倒入杯中。
5. 可用碧潭飘雪茶叶作装饰。

世界三大红茶——祁门红茶

　　祁门红茶有着幽幽兰花香和果蜜甜香，受到英国王室和欧洲各国人的喜爱。祁门红茶与印度大吉岭红茶、斯里兰卡锡兰红茶并称为世界三大红茶。

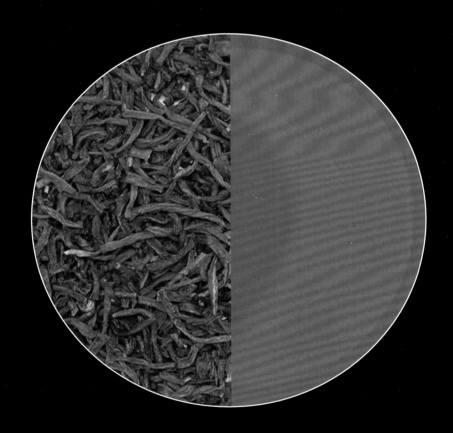

祁门烧酒红茶

祁门红茶与烧酒的碰撞充满惊喜！用日常的烧酒和祁门红茶冷泡茶制成的茶调鸡尾酒，真有点让人期待呢！

🍸 配方

材料
- 祁门红茶 2.5 克
- 烧酒 40 毫升
- 甘露咖啡利口酒
- 桃子汽水（或气泡苏打水）100 毫升
- 冰块

提前准备
烧酒中加入祁门红茶，室温静置冷泡。

做法
1. 摇酒器中加入冰块、40 毫升冷泡茶和甘露咖啡利口酒，摇匀（10 ~ 15 秒）。
2. 玻璃杯中倒入步骤 1 的混合液体和桃子汽水（或气泡苏打水）。
3. 可用柠檬皮作装饰。

黑薄荷摩卡

在带有柠檬香和香草香的伯爵红茶"法式伯爵"中加入薄荷摩卡甘露咖啡利口酒，是一款香气扑鼻的茶调鸡尾酒。

🍸 配方

材料
· 伯爵红茶（法式伯爵）5 克（或茶包 2 个）
· 薄荷摩卡甘露咖啡利口酒 30 毫升
· 青柠味苏打水 160 毫升
· 冰块 80 克
· 纯净水 200 毫升

提前准备
用法式伯爵和纯净水制作冷泡茶。

做法
1. 玻璃杯中倒入冰块、130 毫升冷泡茶和青柠味苏打水。
2. 再加入薄荷摩卡甘露咖啡利口酒。
3. 可用青柠、柠檬和薄荷叶作装饰。

正山小种伯爵威士忌海波

正山小种是世界知名红茶，滋味醇厚，香而不烈。在法式伯爵中加入正山小种，茶香变得更加浓郁，再有威士忌的加入，真是一款颇有些"男子汉气概"的茶饮。

 配方

材料
- 法式伯爵 0.8 克
- 正山小种 0.2 克
- 威士忌 50 毫升
- 柠檬糖浆 20 毫升
- 柠檬果汁 10 毫升
- 苏打水 160 毫升
- 冰块

提前准备
1. 在威士忌中加入法式伯爵和正山小种，静置冷泡。
2. 将高球杯提前放入冷冻室降温。

做法
1. 在冰凉的高球杯中放满冰块，倒入冷泡威士忌茶。
2. 继续倒入柠檬糖浆、柠檬果汁和苏打水。
3. 可用青柠、柠檬和迷迭香作装饰。

金普洱橙香威士忌

普洱茶、带有松烟香的正山小种和威士忌制成的茶调鸡尾酒。

 配方

材料
· 普洱茶 2 克
· 正山小种 1 克
· 威士忌 30 毫升
· 纯净水 100 毫升
· 君度甜酒 20 毫升
· 碳酸饮料（橙子味）100 ~ 120 毫升
· 康普茶 40 毫升
· 冰块

提前准备
1. 用普洱茶、正山小种和纯净水制作冷泡茶（冰箱冷藏 10 ~ 15 小时）。
2. 将玻璃杯提前放入冷冻室降温。

做法
1. 在冰凉的玻璃杯中倒入冰块、40 毫升冷泡茶和威士忌，搅拌均匀。
2. 继续倒入君度甜酒、碳酸饮料和康普茶。
3. 可用橙子干和迷迭香等香草作装饰。

PART 16
冬日特饮

冬日里的健康饮品——无酒精热红酒茶

当冬季来临，欧洲人习惯喝一种能预防感冒、有益健康的饮料，就是热红酒（Vin Chaud）。Vin Chaud在法语中意为"温暖的红酒"，是在红葡萄酒中加入肉桂等香料以及水果等熬制的热饮。到了圣诞节期间，欧洲的任何一个市场中都能看到热红酒的踪影。本书将介绍几款适合冬日饮用的无酒精健康热红酒茶的做法。

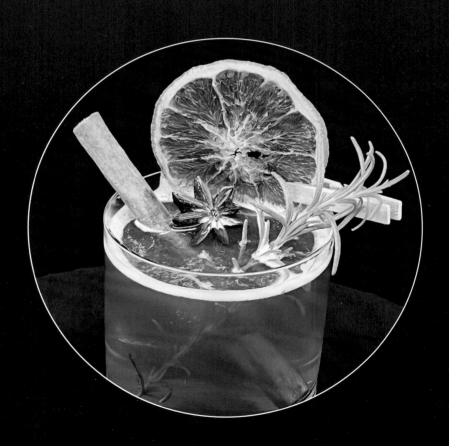

洛神花热红酒茶

　　富含抗氧化成分的葡萄果汁与富含维生素C的洛神花"浪漫邂逅"，是一款用葡萄果汁代替红酒的无酒精茶饮。

 配方

材料
· 水果：苹果 1 个、橙子 2 个、柑橘 2 个、柠檬 1/2 个
· 香辛料：肉桂 4 个、八角 3 ~ 4 个、丁香 10 粒、黑胡椒 10 ~ 15 粒
· 葡萄果汁（或覆盆子果汁）500 毫升　·洛神花茶（"甜梦"）5 克
· 白糖 20 克

提前准备
用小苏打将水果洗净，切片（去掉苹果和柠檬的籽）。

做法
1. 锅中倒入葡萄果汁或覆盆子果汁。
2. 加入白糖，化开后加入洛神花茶，开中火熬制。
3. 沸腾后加入水果切片和香辛料，继续煮 10 分钟后关火。
4. 将煮后的液体倒入漂亮的杯子中，可用水果、肉桂等香辛料和香草作装饰。
※ 肉桂可用喷枪稍微烤一下。

白茶热红酒

　　由有益健康的白茶寿眉、清爽的水果果汁，还有适合冬天的各种香料搭配制作的白茶热红酒，快来尝试一下吧。

 配方

材料
· 水果：苹果、橘子、干橙子片、柠檬、梨等
· 香辛料：肉桂 3 个、黑胡椒少许、八角 3 个、丁香 5 粒、粉红胡椒、姜等
· 寿眉 5 克
· 80℃ 热水 500 毫升
· 无杂质苹果果汁 600 毫升

提前准备
1. 将寿眉放入茶壶，用 80℃ 的热水冲泡 3 分钟。
2. 准备无杂质的苹果果汁。

做法
1. 锅中倒入 480 毫升白茶茶汤和苹果果汁，开中火熬煮。
2. 将清洗干净的各类水果连皮一起放入锅中。
3. 再加入各种香辛料，继续煮 5 分钟。
4. 关火后过滤出无杂质的液体倒入杯中。
5. 可用肉桂、八角、橙子和迷迭香作装饰。

图书在版编目（CIP）数据

新式茶饮112款 / (韩) 李周贤著；程匀译. —北
京：中国轻工业出版社，2024.5

ISBN 978-7-5184-4637-7

Ⅰ.①新… Ⅱ.①李… ②程… Ⅲ.①茶饮料—制作
Ⅳ.①TS275.2

中国国家版本馆CIP数据核字（2024）第038209号

责任编辑：胡　佳　　责任终审：劳国强

设计制作：梧桐影　　责任校对：郑佳悦　晋　洁　　责任监印：张京华

出版发行：中国轻工业出版社（北京鲁谷东街5号，邮编：100040）

印　　刷：北京博海升彩色印刷有限公司

经　　销：各地新华书店

版　　次：2024年5月第1版第1次印刷

开　　本：710×1000　1/16　印张：17

字　　数：300千字

书　　号：ISBN 978-7-5184-4637-7　定价：88.00元

邮购电话：010-85119873

发行电话：010-85119832　　010-85119912

网　　址：http://www.chlip.com.cn

Email: club@chlip.com.cn

版权所有　侵权必究

如发现图书残缺请与我社邮购联系调换

230302S1X101ZYW